雪と氷

水の惑星からの贈り物

片平 孝

大きな傘をつけた氷は、キノコの形ににていることから、地元ではキノコ氷とよんでいる。こおったダム湖が発電のために排水されて水位が下がると、水面下にあった切り株が氷をつらぬいて顔をだす。このとき切り株の頭には皿状の氷がくっついていて、その上に雪が積もるとキノコのような形になる。直径約1m。キノコ氷は雪原にたたずんで、ワカサギ釣りにくる人びとの目を楽しませてくれる（北海道・糠平湖）。

PHP

新雪の上に落ちた枯れ葉と白い粒状のあられ。
葉が雪の中にしずんでいるのは、太陽光線をあ
びた葉が、その熱を雪に伝えてとかしたからだ。

はじめに

　宇宙からながめる青い地球は、水の惑星であることを実感させる。水は液体の水、固体の雪や氷、気体の水蒸気などに状態を変えながら地球を循環している。すべての物質は温度の変化で、液体、固体、気体と状態を変える。水も物質の1つで、わたしたちが日常的に体験できる温度のもとで、3つの状態に変わる。

　水とはふつう液体の水のことをさしている。水道の蛇口をひねれば水がでてくる。川や海、雨を降らす雲、やかんの湯気などはみんな液体の水だ。

　水は冷やすと0℃で固体の氷になり、あたためると液体の水にもどる。水の表面からは、たえず蒸発した水が水蒸気になって空中をただよっている。水蒸気は水の気体の姿で目には見えないが、あたたかいと蒸発はさかんになり、冷やされるとまた元の液体の水にもどる。湯気や霧は水蒸気が冷えて液体の小さな水滴になり、空気中をただよっているものだ。このように水は液体、固体、気体と、3つの状態変化をしながら地球をめぐっている。

　一方、水は気体の水蒸気から直接、固体の氷になることがある。また、固体の氷から直接、気体の水蒸気に変わることもある。この現象を「昇華※」という。高い空にうかんでいる雲は、水蒸気が上昇しながら膨張したとき

※気体から固体、固体から気体になることをどちらも「昇華」というが、気象用語では、気体から固体なることを「昇華凝結」、固体から気体になることを「昇華蒸発」ということもある。

枯れ葉ごとこおりついた水たまり。氷が乳白色に見えるのは、裏側に霜ができているから。

に冷やされた水滴でできている。このとき大気中の"ちり"を"しん"にして、雲粒が小さな氷の粒になり、それが集まってできている雲がある。この小さな氷の粒を「氷晶」とよんでいる。氷晶は氷の結晶だ。結晶とは、その物質を構成する分子が規則正しく結びついてできる形をいう。

氷晶がまわりから水蒸気をとりこんで成長すると、やがて美しい六花の雪の結晶になる。しかし、このようにして生まれる雪の結晶は、1つとして同じものがない。雪の結晶が成長する場所の気温や湿度など、刻一刻と変わる上空の気象が結晶に刻みこまれるからだ。

わたしたちが住んでいる周囲をよく観察してみると、身近に水の3つの状態変化を見ることができる。とくに雪が降り氷の張る冬、水がつくるおもしろく、ふしぎな現象や姿形がたくさん見られる。これらはみんな気温や湿度の変化、風など、いろいろな気象条件のもとで生まれてくる。そして多くの場合、ほんの短い時間、その場所に居合わせたときだけ、雪と氷が見せてくれる。それは偶然の出会いや発見なのだ。そこにはおどろきと感動が待っている。冬の屋外は寒くて体がちぢこまってしまうが、歩いてみれば、おもしろい雪と氷の造形を見つけることができて、きっと楽しい1日になるだろう。

雪と氷 水の惑星からの贈り物　目次

はじめに………2

第1章
雪の結晶は天から送られた手紙………6

北風が冬を運んでくる………8
山に降る雪………12
里に降る雪………16
雪の結晶の基本形と成長………18
板状の結晶の仲間──板のように成長する結晶………20
星六花………22
樹枝六花………24
樹枝六花の主枝と側枝………26
先端に角板をつけた扇六花………28
不ぞろいな結晶………30
十二花──六花が重なった結晶………32
角柱状結晶………34
鼓状結晶………36
雲粒がくっついた雪の結晶………38
あられとひょう………40

第2章
積もる雪の形と変化………42

冠雪──雪の綿帽子………44
着雪──ものにくっつく雪………52
雪庇──雪のひさし………56
積雪の変化………58
雪ひも──ぶら下がる雪………60
巻きだれ──軒先に巻きこむ雪………62
雪球──斜面を転がる雪………64
雪まくり──斜面の雪をくっつけながら成長………66
雪崩──斜面を走り流れる雪………68
風紋──積雪表面にできた模様………70
足あとと雪絵………72
雪えくぼ──雪面のふしぎなくぼみ………80
根開き──雪どけでできる模様………82
雪形──山にえがかれた残雪模様………84
雪渓──夏も雪にうもれた谷………86

雪の結晶

雪まくり

雪の綿帽子

第3章
氷 こおる水の世界………88

こおりはじめた水たまりや池………90
板氷——氷の結晶の集まり………94
鏡氷と気泡………96
アイスフラワー——氷の中にさく花………100
大きな湖がこおる………104
結氷した摩周湖………106
屈斜路湖の御神渡り………108
しぶき氷——湖岸の樹木や岩にできる氷………110
氷瀑——こおりつく滝………116
氷筍——地面から上にのびる氷の柱………122
キャンドルアイス………124
氷紋——氷の上にあらわれたふしぎな模様………126
海氷——海水がこおる………132
流氷——北の海からの恵み………134

第4章
雪と氷の仲間………136

蒸気霧——平野や水面をただよう霧………138
大気中にうかぶ氷の粒………142
霜——地上にさく氷の花………146
フロストフラワー——氷の上にさく霜の花………152
霜柱——地中からのびる氷………154
樹霜——木ぎにさく霜の花………156
樹氷——木ぎをかざる氷………158
雨氷と粗氷——できるときの条件………160
樹木以外にもできる樹氷………162
アイスモンスター——樹氷と雪の合作………164
おかしな形のアイスモンスター………166
氷河——おわりに訪ねる雪と氷………176

解説・雪と氷の科学——神田健三………178

さくいん………190
おわりに………192

氷筍

しぶき氷

アイスモンスター

第1章

雪の結晶は天から送られた手紙

　気温－15℃。雪がまいながら静かに降ってくる。雪の結晶の形は、にたものがあっても、1つとして同じ形のものはない。しかし、雪の結晶がいかに複雑でも、形をきめる法則がある。

　今から80年以上前、世界で初めて人工的に雪の結晶をつくることに成功した中谷宇吉郎博士は、雪の結晶の形をきめる第一の要因は、結晶が成長する雲の中の気温と湿度であることを明らかにした。

　「雪は天から送られた手紙である」という美しい言葉は、この研究の中から生まれた。

－15℃のもとで観察できた樹枝状や角板付六花の結晶。

北風が冬を運んでくる

　晩秋の野山に雪がまう。冬の使者の到来だ。冷たい雨のあとに、少しずつ気温が下がると、雨と雪がまじったみぞれが降ってきた。やがてみぞれは雪に変わり、音もなく積もりだした。
　雲をつくっている水の粒や氷の粒を「雲粒」という。上空6000m以上にできる巻雲は氷の粒でできている。この氷の粒は、小さな水滴が火山灰などの細かい"ちり"を"しん"にしてこおったもので、丸い形から六角形に成長していく。これが「氷晶」で、雪の結晶のもとになる。
　上空には0℃以下でもこおらない水滴がうかんでいる。これを「過冷却水滴」という。氷晶は、近くに過冷却水滴があると、その水滴から蒸発した水蒸気がくっついて成長し、雪の結晶になっていく。水蒸気から直接、固体の雪（氷）になる昇華凝結という現象だ。
　雪の結晶は成長しながら空をただよい、やがて重くなって地上に降ってくる。地上付近の気温が約4℃以下だと雪のまま降ってくるが、それ以上では途中でとけてみぞれや雨になる。

雪と雨がまじったシャーベット状の雪がみぞれ。雪が空中でとけて、半分雨のようになって降ってくる。

北国の平野部に北風が雪を運んできた。風にふかれてナナカマドの実も落ちはじめた。

雲におおわれた初冬の山では、クマザサに雪と雲粒がこおりつく。雲粒は0℃以下でもこおらない水滴でできている。この過冷却水滴には、0℃以下に冷やされた物体に衝突すると瞬間的にこおりついてしまう性質がある。

ナナカマドの実に雪と雲粒がこおりつく。

カラマツの実に落ちてきた樹枝六花※（→24ページ）。大きさ3mm。この雪の結晶には六花の枝に雲粒がついている。

※本書で紹介する雪の結晶名はグローバル分類（2011年、184ページ参照）による。

山に降る雪

　山に本格的に雪が降ってきた。標高の高い山は気温が低いので、雪はとけることなく、乾燥した状態で降ってくることが多い。そのため雪の結晶どうしがくっつきあわずに、1つ1つの結晶の形を観察できる。よくスキー場で手袋や上着のそでに一片の雪の結晶が降ってきて、思わず見とれてしまうことがある。このような雪を、「乾雪」または「粉雪」とよんでいる。

粉雪。雪の結晶が1個1個、単体で降ってきた。

手袋の甲の部分に落ちてきた雪の一片。

山の温泉に雪が降る。冷えた体をいやしにニホンザルの母子がやってきた。人間と同じような光景でほほえましい。

ネコヤナギの花芽に落ちてきた樹枝六花（➡24ページ）の結晶。高い空で生まれ、成長しながら地上まで旅してきた雪は、雲の中を通ったときに雲粒をつけて降ってきた。過冷却水滴の雲粒は、雪の結晶にふれると、たちまちこおりついてしまう。

トドマツの葉に降ってきた雪は樹枝六花の結晶で、いくつかの結晶がくっついている。これを「雪片（せっぺん）」という。
雲粒がついておらず、まるでガラス細工のように透明（とうめい）。

湿ったぼたん雪が休むことなく降りつづく。このようなときは大雪になりやすい。

雪片をたくさんくっつけたぼたん雪が、ナナカマドの実にふんわり積もる。2個以上の雪の結晶がくっついた状態を「雪片」という。

里に降る雪

　はげしく雪が降っている。たくさん雪の結晶がくっつきあって降る雪は、ボタンの花びらのようなので、「ぼたん雪」という美しい名前がついている。雪の結晶は気温が高いととけて、たがいにくっついて落ちてくる。本州の平野部に降る雪の多くは、このような湿った雪だ。乾雪に対して「湿雪」という。北国でも、まだ気温が高い冬のはじめに降る雪は、ぼたん雪だ。

雪の結晶の基本形と成長

　上空で生まれる雪の結晶のはじまりは、雲粒が空にうかんだ"ちり"などを"しん"にしてできる氷の粒で、0.2mm以下の小さなものを氷晶といって、雪と区別する。

　雪の結晶ができるときは、小さな六角柱の氷晶が平面的に板状に成長するか、または六角形の鉛筆を短く切ったような縦軸方向に成長するかのどちらかだ。氷晶の平面と縦軸方向の成長速度は気温によって変わり、その結果、雪の結晶は板状か柱状になる。

　さらに、板状の結晶は雲の中で成長しつづけると、角の部分がはやく成長して、辺の部分の成長はおくれてしまう。これはでっぱった角の部分には、成長に必要な水蒸気が集まりやすいからだ。水蒸気の量は湿度と関連している。こうして6つの角が腕のようにのび、反対に六角形の辺の部分の成長はおくれるので、くびれた形になる。

　雲の中をただよいながら、雪の結晶は刻々と変わる気温と湿度にさらされて、それぞれことなった成長をする。このため雪の結晶は1つとして同じ形にはならない。

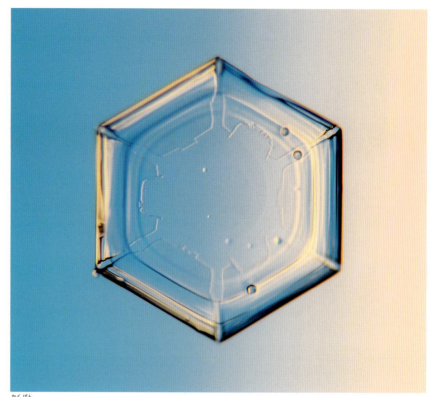

角板。大きさ0.5mm以下。同じような形でこれより小さく、0.2mm以下のものを氷晶という。

角板の成長が少しはやくなると角の部分が先に成長し、辺の真ん中がおくれて溝になる。大きさ1mm以下。

6本の枝が成長してのびている。おくれた溝の部分も少しずつ成長して辺を広げていく。気温と湿度の組み合わせしだいで大きく変わる。大きさ1mm以下。

板状の結晶の仲間——
板のように成長する結晶

　板状の結晶の仲間の1つに枝付角板がある。この結晶の中心部を拡大して見ると、6方向にのびた枝は、それぞれ60°の角度で整っている。たくさんある年輪のような線は、中心部（核）からじょじょに成長してきたことを示している。年輪模様をたどれば、6つの辺にできた溝（割れ目）が、ほぼ同じころにできたことがわかる。

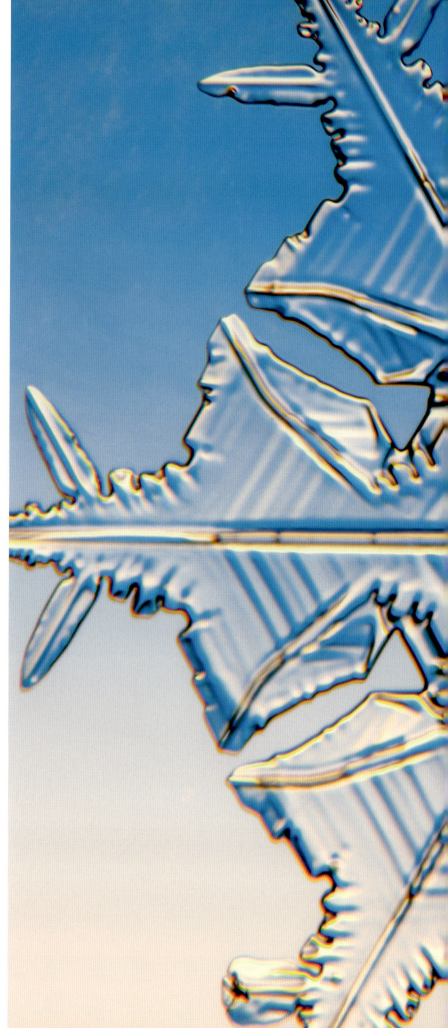

角板から少し成長した枝付角板。

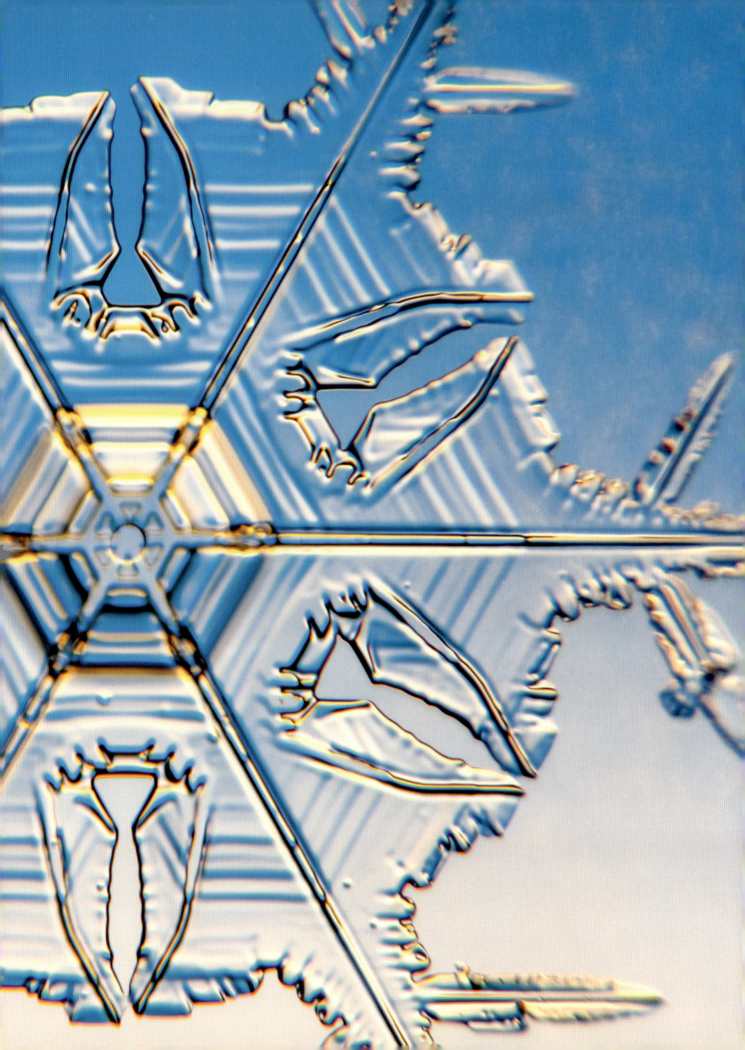

星六花
ほしろっか

　中心から六方にのびる枝を主枝といい、主枝はよく発達しているが、主枝からのびる側枝はほとんどでていない。星のような形なので星六花とよんでいる。気温が－15℃前後の雲の中で生まれたが、側枝が少ないのは樹枝状になるほどには水蒸気が多くなかったか、雲の層がうすく、成長する時間が少なかったことなどが考えられる。

星六花。結晶の中心からのびる6本の主枝しか成長していない。主枝のギザギザから芽のような枝がわずかにでているのが側枝。雲の中の滞空時間が長ければ側枝をのばして樹枝状に成長していくだろう。大きさ1mm以下。

樹枝六花

　樹枝六花は樹枝状結晶の1つ。木の枝のような形から樹枝六花とよばれるこの結晶は、星六花の主枝から側枝が成長したもの。側枝は、湿度が高ければ気温に関係なく急速に成長する。－15℃前後の気温でよく見られ、雪の結晶の中でも、とくに大きく成長する。冬、よく目にする雪の結晶は、この樹枝六花である。

6mmの大きさがあった樹枝六花の結晶。雪の結晶の中ではいちばん多く、まれに10mm以上に成長することもあるという。背後のスケールの目盛りは1mmきざみ。

樹枝六花。結晶の大きさは3mmほど。右に6本の枝の幅が広くなっている小さな広幅六花（0.2mm以下）の結晶が側枝にくっついている。顕微鏡でのぞいて、はじめて広幅六花の存在を知るくらい小さい。

樹枝六花の主枝と側枝

　樹枝六花の主枝と主枝のなす角度は60°だ。これは氷の結晶をつくっている水分子の性質による。
　骨のような星形の主枝にでこぼこのギザギザができて、ここから葉のような側枝が成長する。枝は水蒸気のある場所を求めて外側にのびていく。たまに側枝が内側にのびることもあるが、主枝からのびる枝は、みなたがいに60°の角度で枝分かれしている。主枝と側枝が向きを60°の角度にそろえるのは、氷の結晶の性質だ。また、1本の主枝から側枝はすべて平行である。

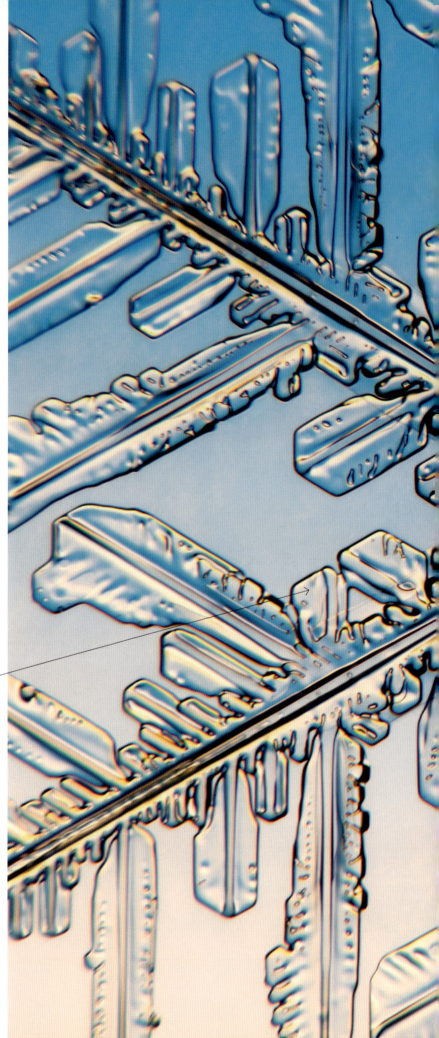

1つだけ内側にのびようとしている側枝。

樹枝六花の拡大。へそのような結晶の中心部から、きれいに60°の角度で主枝と側枝がのびている。その中に内側にのびている側枝も見える。

扇六花。大きさは約1mm。広幅六花が、各枝の先に角板をつけた。広幅六花に成長したあと、次に通過したところが水蒸気の少ない雲だった。

先端に角板をつけた扇六花

いろいろな形が楽しめるのは、扇状の結晶や扇状がほかの結晶とくっついて複合した形のものだ。その中の1つ、扇六花は先端のところで結晶が扇の骨がすけて見えるような形で広がっている。樹枝ができる条件から、途中で角板ができる条件に変わったことを示している。

角板の先端に角板のような扇をつけた扇付角板。大きさは1mm以下。手前にもう1つの角板がくっついているのは2枚構造（184ページ参照）。

不ぞろいな角板つきの樹枝六花。中心の角板の角が突然変異をおこしたように枝分かれしている。まさに「どうしたの！」だ。大きさ約2㎜。

中心部分が三角形をした樹枝六花。よく見ると三角形の部分は、角や辺の数はちゃんと6つある。6つの角や辺の成長速度のちがいで、はじめに三角板ができ、その後、通過した雲の中で樹枝状の結晶に成長したと考えられる。大きさ約2㎜。

右：四花から枝をのばそうとしている結晶。上空で六花の形に成長した結晶が、落ちてくる途中、何らかの原因で分離して四花になったもの。その後、この結晶は中心付近から枝がのびようとした状態で地上にたどりついたようだ。2本の枝がわずかに見えて、なぜかホッとする。大きさ約1㎜。

不ぞろいな結晶

　写真集などで見る雪の結晶は左右対称で美しい六花の形をしているものが多いが、それは対称性の美しい結晶を選んで撮影しているからだ。実際に空から降ってくる雪は不ぞろいだったり、ゆがんだりこわれたりして、不規則な形をしている。
　氷晶から生まれた雪の結晶は、気温と湿度のことなる雲の中を通ってくる間に、結晶を成長させる水蒸気の量が少なかったり、水蒸気をうばいあったりして、美しい形の六花になるとはかぎらない。風の変化など、さまざまな空の気象も、結晶の成長過程に影響をあたえる。落ちてくる途中で結晶がこわれたり、こわれたものからふたたび成長したりするので、美しい形の結晶と出会えるほうが少ない。

十二花
──六花が重なった結晶

　雪の結晶を撮影するのはきまって夜9時過ぎ。風が弱まり気温−15℃前後。羽毛の防寒具を着こんで腹ごしらえもじゅうぶんだ。

　観察用のテントから手をのばして、まい落ちる雪を黒い布を張った板でうけとめる。ヘッドライトに照らしだされる見なれた六花の結晶の中に、たくさん枝をつけた結晶がひときわ目を引いた。いそいで顕微鏡にのせると、六花が重なった、キクの花のような12枚の枝をもつ十二花の結晶だった。大魚がかかったような興奮が走った。氷晶からふた子の角柱ができて、30°ずれて成長したものだ。ピントがずれていないところを見ると、2つの結晶の間には角柱のすき間がほとんどないようだ。2つの結晶が均等に成長するのは、たいへんめずらしい。

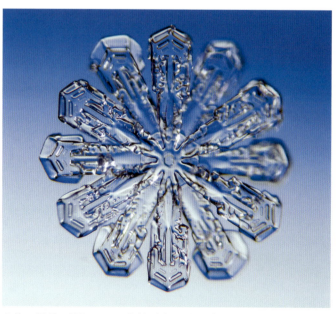

2枚の結晶の間に2つの角柱が少しだけずれて結合している十二花。後ろの結晶のピントがずれているのはそのためだ。どちらも扇状をしている。横から見れば鼓状（→36ページ）の軸である角柱が見える。

枝の先に角板をつけた樹枝状の十二花結晶。十二花結晶はめずらしいものではないが、角度30°の等間隔で結合しているのを見るのは、一冬でも1回あるかどうか。しかも、2枚の結晶が重なっているのにピントが合っている。短い角柱結晶がはさまっているのだろう。31ページの四花が、六花から分離してできたものに対して、こちらは六花が重なってできた結晶だ。大きさ約2mm。

角柱状結晶

　雪の結晶の基本となる形は六角柱である。六角形の鉛筆を短く切ったような形だ。うすく切った形が横に広がれば板状に、縦に長くのびれば柱状に成長する。結晶が柱状になる温度は、−4〜−10℃と−22℃以下の2回あることが知られている。

　また、温度のちがいで角柱が2つくっついたり（双晶）、上と下の面に2つの角板ができたりして、6本の主枝が成長して六花になることがある。

針状結晶。気温−5℃前後で湿度が高いと、角柱の成長が不安定になり、角柱の縁の一部がはやく成長して、たくさんの針がのびたようになることがある。大きさは約0.5mm。

角柱状結晶の1つ、角柱。真ん中に線のような筋があるのは、2つの結晶がくっついているからで、「双晶」という。大きさは0.5mm以下でコロコロして厚い。結晶の中が2つのワイングラスのような空洞になっている。外側の骨組みだけがある構造で、これを「骸晶」という。大きさは0.5mm以下。小さいので顕微鏡がないと見つけるのがむずかしい。

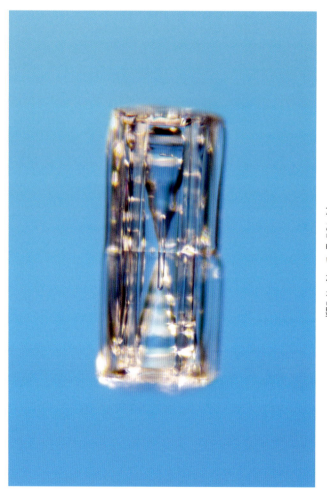

右：砲弾と角柱。上の角柱（双晶）が中央でくびれて2つになろうとしている。昇華蒸発によって結合部分に深い溝ができ、砲弾の形に分かれようとしている。下の角柱は上と下の底面にうすく角板状結晶が成長しつつあり、次のページで紹介する鼓状になりかけている。大きさは0.5mm以下。

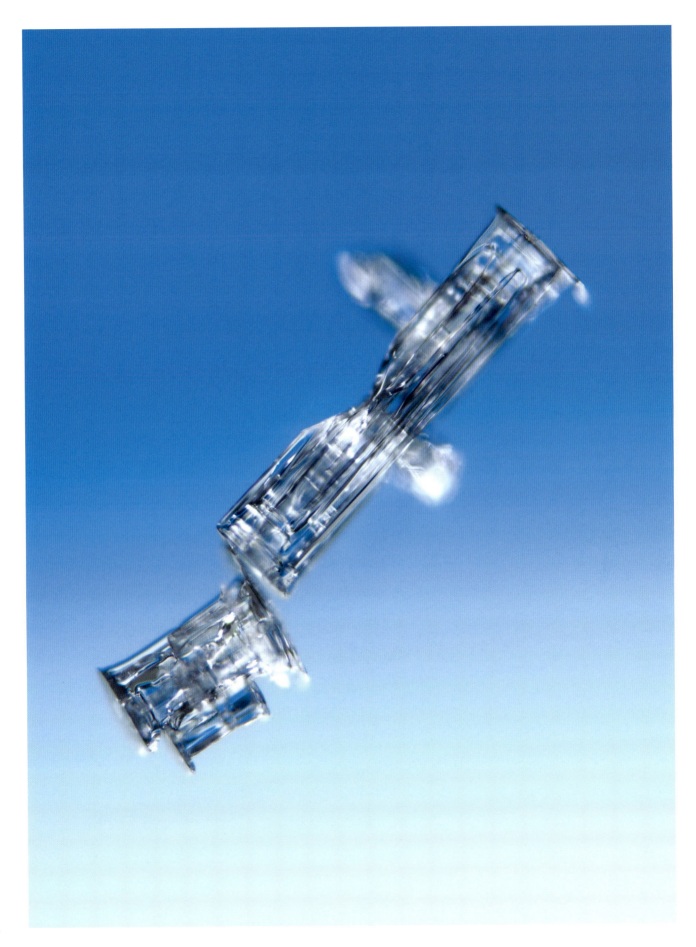

正面から見た鼓状結晶。角柱の両面にできた大きさのちがう六花は、結晶どうしが水蒸気をうばいあったからだ。

鼓状結晶

　角柱の上下の面に板状の結晶が成長すると、角柱をはさんで車輪のような2つの結晶が生まれる。日本の楽器の鼓とにているのでこの名がついた。

　はじめ角柱ができやすい条件の雲の中で成長して落下し、次に入った雲の中では、板状の結晶ができやすい条件だったことを示している。

鼓状結晶。横から見ると、角柱が車軸のように中心にある。角柱に切れ目のような溝があるのは双晶の角柱で、溝で回転すると、32ページで紹介した十二花の結晶になることがある。大きさ1mm。

雪あられ。樹枝六花の結晶に雲粒がついてできる。雲粒がたくさん重なって雪の結晶にこおりついてできた雪あられは、雲粒どうしのすき間に空気があるので、白く不透明に見える。大きさ約5mm。

雲粒がくっついた雪の結晶

はげしい雪が降りはじめたときなど、地面に積もった雪の中に、金平糖のような雪粒を見ることがある。米粒大の丸い形や、雪の結晶に砂糖をまぶしたようなかたまりは、「雪あられ」という。

積乱雲の中で発生した過冷却水滴は、直接雪の結晶にくっつくとすぐにこおりつく。さらにたくさん雲粒がつくと、雪の結晶は白い不透明なかたまりになってしまう。これが雪あられだ。

右上：角板にくっついた雲粒が小さな粒になって見える。縁にもたくさんの雲粒がくっついている。雲粒の大きさは0.03mm前後。湿度の高い本州の雪の結晶は、雲粒がついていることが多い。雪が重くて水分が多いのはこのためだ。

右下：雲粒に全面がおおわれた広幅六花の結晶。大きさ約1mm。このままさらに雲粒がくっついていくと雪あられになる。

初冬、初雪とともにあられが降ってきた。大きさは5mm以下。

あられとひょう

「あられ」は積乱雲から降る直径2〜5mmの氷の粒だ。白色で不透明なものを「雪あられ」、半透明、透明なものを「氷あられ」といい、どちらも雪や雨にまじってにわか雪として降ることが多い。

「ひょう」ははげしい上昇気流をもつ積乱雲から、雷をおこしながら短時間に降る直径5mm以上の氷の粒だ。

氷の断面を見ると気泡をふくむ不透明な層と透明な層がまじっているので、強い上昇気流の中で成長したものであることがわかる。あられには不透明層と透明層がまじることはない。この点でひょうと区別できる。

気象庁の観測では、雪あられは積雪として、氷あられとひょうは雨量として計測される。

ひょうは大きさが5mm以上。ときにはリンゴほどの大きさのものが降ることもある。ひょうは、上昇気流で積乱雲が発達した上空に寒気が入るときに発生しやすく、初夏の5月や初秋の10月などに降ることが多い。農作物やビニールハウスなどに大きな被害(ひがい)をあたえることもある。

第2章

積もる雪の形と変化

　毎日、少しずつ降っては積もる雪、一晩で1mをこす、どか雪。このような積もった雪を「積雪」という。積雪は同じように見えても、積もるときの気象や雪質、積もる場所などで性質がちがってくる。しかも、積雪は刻一刻と変化して、びっくりするような形をつくる。

　積雪の形が変化するのは、雪自身の重さで収縮して下にしずんだり、あるいは雪がとけ、とけた水が表面張力で接着剤となって、雪粒どうしをくっつけてたれさがったりするからである。さらに、雪の結晶は0℃以下でも、その表面から水分が蒸発しているので、結晶はやせ細っていく。これらの現象によって積雪は積もった瞬間からどんどん形を変えていく。

　ところで、雪の結晶は無色透明なのに、積雪は白く見える。これは、雪の結晶(雪粒)にあたった太陽光線が乱反射するからだ。太陽光線のうちわたしたちに見えるのは、赤、橙、黄、緑、青、藍、紫の7色だが、これらの光がすべて乱反射すると、わたしたちの眼には白色に見える。試しに透明な氷を「かき氷」にすると、氷は透き通って見えず白く見える。

枯れ木に積もった雪の形は、絵本に出てくる木こりのおじさんみたいだ。風のない夜、しんしんと降り積もった雪が、どのようにしたらこのような形になるのか想像もつかない。

冠雪──雪の綿帽子

　雪はいろいろなものの上に積もる。木や岩、屋根、車やポストなど、あらゆるものに雪が積もり、おもしろい形をつくりだす。このようにものの上に雪が積もることを「冠雪」といい、また積もった雪のことも冠雪という。この名前は、形が頭にかぶる冠ににているところからついた。短い時間に大雪が降るとき、強い風をともなって降るとき、無風でゆっくり降るとき、気温が高いときや低いときなど、気象条件によって冠雪の形は変わってくる。

風をともなった雪が郵便ポストの上に積もっていく。風上側は高く、風下側は低く積もっている。積もり方を見れば風向きと風の強さ、雪の降り方がわかる。

郵便ポストと小屋の屋根にどか雪が積もった。風がなく短い時間に降った大雪は、コックさんの山高帽子のように、ふんわりと上へ上へと積もっていく。

屋根の雪は、マンガの『サザエさん』の頭のようでおもしろい。しかし、雪の重みで今にも屋根はつぶされそうだ。屋根の積雪は2m以上。雪質によってもちがうが、1m³の雪の重さは新雪で50〜150kg、しまり雪では250〜500kgにもなるという。

枯れた木の幹に積もったふわふわの新雪。リュックサックを背負っておでかけする子どものようだ。

短いスキーをはいて森の中を歩いていると、折れた木の幹の上に積もった大きな雪の綿帽子に出会った。思わず記念撮影。このような冠雪は短時間に多量の雪が降ったときに見られるが、日をおいてまた雪が降り積もると重さでしずんでいき、太めのターバンを巻いたような綿帽子ができあがる。筋状の線には、雪が降った回数と降り方が記録されている。

谷川の岩に積もった雪は、マシュマロのようでもあり、カエルのようにも見える。

トドマツの幹に見られる"うろこ"のような着雪。冬の嵐で雪がまいあがって幹にくっついたもの。

着雪──ものにくっつく雪

　降る雪が風にのって、樹木の幹や塀など、鉛直に立っているものにくっついたり、細い電線に筒状に積もったりすることがある。これを「着雪」という。

　雪は気温が高いとふくまれる水分が多くなり、"もち"のように粘性をもつ。反対に気温が低いときは、乾いた砂のように粘性はない。

　着雪は、おもに雪がものにくっつく現象で、強風による圧力や重力が加わっておもしろい造形が見られる。

風による樹木への着雪。強風が、降ってきた雪を木の幹の片側にふきつけた。雪のくっついている方向が風上側になる。

湿った雪は重い。この雪が鉄棒や電線に積もっていくと、ヘビのように巻きついたり、筒状に着雪したりすることがある。こうした形状は、積もった雪が自身の重みで下に回転しながらずれる一方、上に新たな雪が積もり、これをくりかえすことでできる。電線に着雪すると電線への風圧が大きくなるだけでなく、雪の重さも加わるので、電線が切れたり電線を支える電柱や鉄塔がたおれたりすることがある。

着雪した中継所の鉄塔とパラボラアンテナ。標高1600mの尾根にあるこの建物は、強い風と過冷却水滴をふくんだ雲と雪がいっしょにぶつかって、コンクリートのようにかたくしまった雪がくっついている（北海道・旭岳）。

雪庇――雪のひさし

　冬の山頂や尾根では、風で運ばれてきた雪が風下側に張りだしていく。このような場所は、風上側の傾斜がゆるく、風下側の傾斜が急になっていて、大きな雪のひさしができる。これを「雪庇」という。

　冬山登山では、雪庇の近くや真下を横切ることがある。いつも冷や汗をかきながら大急ぎで通過するのだが、できることならいちばん通りたくない場所だ。雪庇は気づかないでいると、踏みぬいて転落することがある。また、雪崩をおこす原因にもなる危険な場所だ。

山の尾根におおいかぶさるように大きな雪庇ができて、雪がくずれはじめている。雪崩だ。

尾根付近では強風がうずを巻きながら雪をふき飛ばして、地吹雪をおこしている。このような場所に雪がふきだまって雪庇ができる。

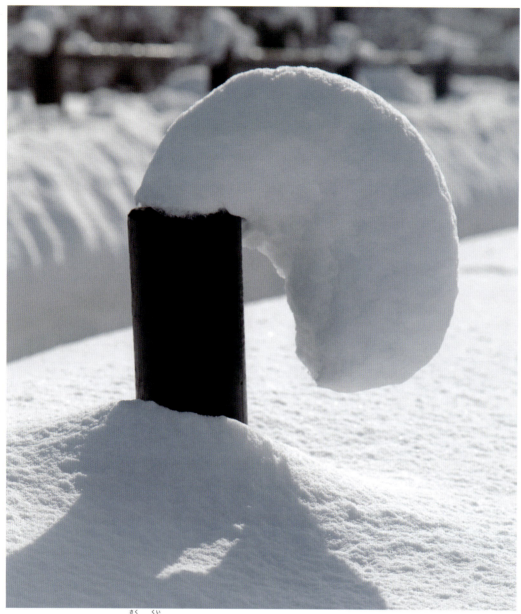

公園の柵の杭に積もった雪が、とけだしたソフトクリームのようにたれさがっている。気温が上がって湿った雪は、雪粒どうしがくっつきやすい粘性をもつ。

雪の深さを測る積深柱に積もった雪が、気温の上昇でたれさがっている。雪が落ちないのは、雪粒と雪粒がとけだしたわずかな水でつながっているからだ。木の枝に積もった雪も同じようにたれさがっている。

積雪の変化

　積もった雪は、重力にしたがい、つねに下のほうに動いている。

　気温が0℃に近いとき、雪は小さな力でゆっくり引っ張られると、切れないで少しのびる性質がある。雪粒（雪の結晶）どうしがからみあいながらくっついているからだ。さらに気温が0℃をこえ、水分をふくんだ雪になると、水が接着剤となって雪粒どうしをくっつけるので、さらに粘る性質（粘性）がでてくる。

雪ひも──ぶら下がる雪

　積もった雪が、ほんの一瞬だけ見せるふしぎな姿がある。木の枝や柵などに積もっていた雪が、気温が上がると"ひも"のようにたれさがる現象だ。気温が高いときの雪は湿っていて、雪粒どうしがくっつきやすい状態にある。このような雪が重力にしたがって木の枝などから落ちようとすると、両側の雪に引っ張られながらも、切れないで、ひものようにたれさがる。これが「雪ひも」だ。

　雪ひもができていく過程を見ると、雪の粘性ととけだした水で、雪粒どうしがつながってのびる性質がある、ということがわかる。

早春の朝、あたたかい空気を運んできた低気圧が、風雪をともなって通りすぎた。車窓のすみに、はさまるように雪がくっついていた。日がのぼって気温が上がると、窓のすみの雪はうずを巻いてたれさがり、あっという間に複雑な形の雪ひもをつくった。ほんの一瞬、雪が見せるいたずらだ。

雪が降りやんだ朝、木の枝からたれさがる雪ひもを見つけた。つき立ての"もち"のようにのびる雪ひもは、枝に積もった雪が気温が上がってとけだして、たれさがったものだ。長さ1mほど。

巻きだれ
──軒先に巻きこむ雪

　雪国にかぎらず、屋根に積もった雪は、勾配があると少しずつずり落ちてたれさがり、雪の先端が軒先から壁側に巻きこんでくる。これを「巻きだれ」とよんでいる。

　雪は固体だが、時間をかけてずり落ちようとする力がはたらくと、水あめのような液体の性質を示し、雪は軒先からたれさがる。巻きだれは容易に落ちたり切れたりしないが、とけだすと一気に落ちて通行の障害になる。また、巻きだれにできた「つらら」の先端も巻きこんで、窓ガラスを割ってしまうこともあるので、住んでいる人の不安をあおる。

気温が上がると、急勾配の屋根の雪がずり落ちながら、先端が軒の下側に巻きこむ。千葉県で降った湿った雪は、一日でこのような巻きだれの状態になった。

　　　　軒の「巻きだれ」。屋根の雪は、雪下ろしをしないで積もったままにしておくと、勾配のゆるい屋根でも、ゆっくりずり落ちてくる。軒先からはみだした部分が、巻きだれとなって内側に巻きこんでいる。屋根の雪の層は、冬の間の降雪記録ともいえる。雪の先端からは「つらら」がたれさがっている。

雪球――斜面を転がる雪

　木の枝に積もった雪のかたまりが、風にふかれるか、あるいは動物が歩くかして、雪の積もった急斜面に落ちることがある。そのとき気温が氷点下で、斜面の雪が乾いていると、落ちた雪のかたまりは、角を落としながら勢いよく転がって分解していく。やがて小さな球状になって軽くなると、回転する力をなくして、斜面の途中で止まってしまう。このときの小さな球を「雪球」とよぶ。

上、右：斜面を転がり落ちる雪球。降ったばかりの急斜面の雪は、氷点下の粉雪なので粘着力がない。その上を転がる雪のかたまりには雪がくっつかないどころか、かたまりは、ばらけて小さい球になる。次の見開きで紹介する「雪まくり」が球状になったものを「ゆきだま」とよぶ地方もあるが、できるときの条件とでき方がちがう。

64

雪の斜面を転がり落ちたたくさんの雪まくり。新鮮な生クリームでつくったお菓子のバームクーヘンみたいだ。直径は10〜40cm。

雪まくり──斜面の雪をくっつけながら成長

　かたくしまった斜面に、湿った新雪が積もった。0℃をこえる気温の上昇で木に積もっていた大きな雪のかたまりが落ちてきた。落ちた雪のかたまりは転がりながら粘り気のある新雪をくっつけて、雪だるまのように大きくなっていく。このように雪の斜面を転がりながら、表面に雪をくっつけて、のり巻きやタイヤのような形になるものを「雪まくり」という。雪まくりは春先の新雪の斜面で見ることができる。

樹木に積もった雪のかたまりが、急斜面を転がり落ちて「雪まくり」ができた。直径120cmもある巨大な雪ののり巻きは、偶然にもトドマツの幹にぶつかって止まっていた。東日本大震災でガソリンが手に入らず、大雪山に入るのが4月になってしまった。本来なら出会うはずがない特大の雪まくりにびっくり（北海道・大雪山）。

全層雪崩。積雪全体がくずれて地面がむきだしになっている。

雪崩──斜面を走り流れる雪

　斜面の積雪は時間とともに変化する。積もった雪の層と層の間には、雪質のちがいがある。雪質のちがいで雪粒どうしの結びつきが弱くなると、何かのきっかけですべりだす。斜面の積雪がすべり落ちる現象を雪崩という。

　雪崩には、積雪表面の雪層がすべり落ちる表層雪崩と、地面の上の積雪全体がすべり落ちる全層雪崩がある。前者は冬の間いつでもおこり、後者は春先に気温が上がって雪どけがはじまるころにおこる。全層雪崩はしばしばまわりの地面までけずって、地形を変えてしまう。

　なお、雪崩は斜面の角度が30～45°のところで発生しやすい。

気温が上がると急勾配の屋根の雪がすべり落ちてくる。これを屋根雪崩とよぶ。このように雪崩は身近なところでもおこる。

春先の山間の谷では気温が上がって雪どけが進み、全層雪崩がよく発生する(新潟県十日町市)。

融雪地すべりでおしつぶされた家屋。春先の雪どけ時に山の斜面の地下水がふえるので、地盤がゆるくなった山の斜面が雪をともなったままくずれた。日本海側の多雪地帯の山地でしばしばおこり、大きな被害をだす(新潟県上越市)。

風紋──積雪表面にできた模様

　積雪表面の雪は、風によってけずられたり雪が運ばれたりするので、積雪の表面にはいろいろな模様ができる。風がつくりだすこのような模様を「風紋」という。

　積雪のやわらかい部分は、容易に風に飛ばされ、飛ばされた雪は別の雪にぶつかってその部分をけずっていく。その結果、積雪表面にかたくしまった雪がのこり、幾何学的な模様や形がつくりだされる。その代表的な模様は、高山で見られる波状雪だ。波状雪の形や大きさは風の強さによってきまる。

風がつくったでこぼこや筋状の幾何学模様は風紋。風紋には、冬の間、降り積もった雪と風の強さや方向などが記録されている。

台風なみの強風がふく高山では、積雪面に彫刻刀でけずったような模様のスカブラができる。スカブラはノルウェー語で「海の波」を意味する（宮城蔵王・刈田岳斜面）。

足あとと雪絵

　真っ白い積雪の上には、いろいろな模様がのこされている。新雪が積もった雪原に深くもぐった"あと"が点てんとつづいている。雪の上にのこされた人や動物の足あとだ。

　風がふきぬける雪道には、踏みかためられた雪が、歩いた主の足あととなって、いつまでものこっている。

　また、雪から顔をだしている草やササなどが、風にふかれて雪面に勝手きままな"あと"をつける。この模様を「雪絵」とよんでいる。

雪はキャンバス、草は筆。風にふかれて草が雪の上に絵をえがいた。その上にテンとキツネが通った足あとがのこる。小さいほうがテン、大きいほうがキツネの足あと。

強い風がふきぬける山道で、飛ばされずにのこったホンドギツネの足あと。歩いたあとの雪が踏みかためられ、かたくなってのこった。

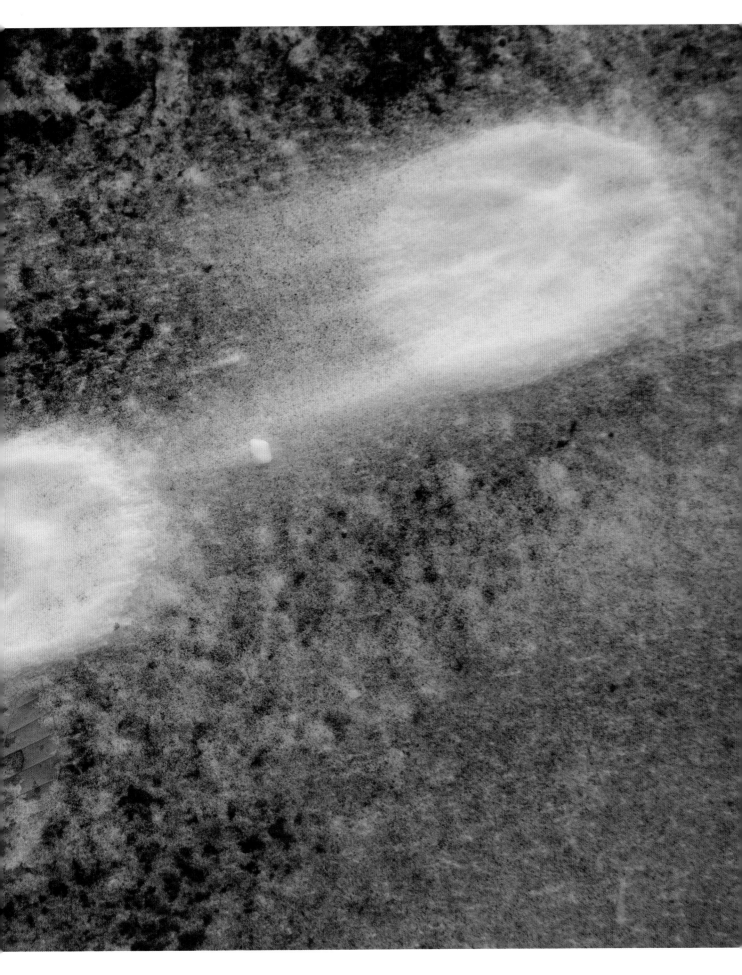

トドマツの大木で暮らすエゾリス。冬眠しないで冬の間も活動する。耳に長い冬毛が生えているのが冬のリスの特徴。

エゾリスが雪面にのこした深い足あと。大雪の中をこぐようにして朝の食事にでかけたのだろう。エゾリスには、食料がとぼしくなる冬に向けて、ドングリやクルミなどを地面の下にかくしておく習性がある。

森の中であたりを警戒するエゾシカ(上)と、雪原にのこされた足あと(右)。同じシカが往復してのこしたもの。

水辺に降りたカラスが、水を飲んだり水浴びをしたりしていた。

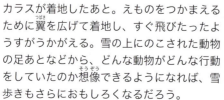

カラスが着地したあと。えものをつかまえるために翼を広げて着地し、すぐ飛びたったようすがうかがえる。雪の上にのこされた動物の足あとなどから、どんな動物がどんな行動をしていたのか想像できるようになれば、雪歩きもさらにおもしろくなるだろう。

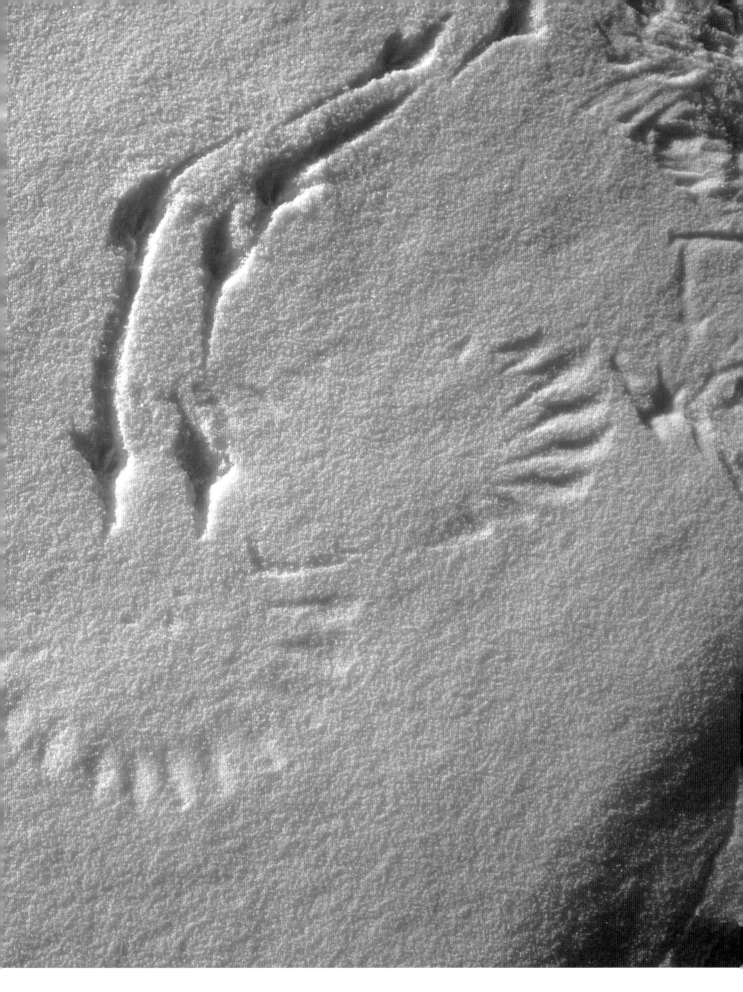

雪えくぼ
──雪面のふしぎなくぼみ

　11月下旬、北海道・十勝川の河口は早めの雪景色だった。こおった岸辺をさがして歩いていると、一面幾何学模様のくぼみがある雪野原と出会った。西日をうけて、干潟で見かけるカニの穴のように見える無数のくぼみは、かわいい名前の「雪えくぼ」だ。

　平地に積もった雪は、きゅうに気温が0℃前後に上がり、雪面が強い日差しをうけてとけだすと、とけた水が雪の中を流れて「みず道」をつくる。そして、みず道の上の雪面にたくさんのくぼみができる。

　雪が積もった雪面は平らに見えるが、実際はでこぼこしていて、でっぱったところがはやくとけてしまう。雪の体積はとけた分だけ減るので、その部分だけがくぼんでしまう。

雪原にできた無数のへこみは、きゅうに気温が上がってできた雪えくぼ。えくぼの大きさは直径20cm前後。新雪の量が多いほど大きなえくぼができる。

根開き
──雪どけでできる模様

　5月の連休がはじまると雪国はきゅうに春めいて、いっせいに雪がとけだす。冬の間、雪におおわれていた山の斜面は、木の根もとが円くとけだす「根開き」がはじまる。太陽光線が木の幹にあたるとあたたまり、じょじょに熱をだすので、幹のまわりの雪をとかしてくぼみをつくる。このくぼみを「根開き」という。さらに強い風がふくと、くぼみに空気のうずができ、雪をとかしながら、くぼみを大きく広げていく。この時期、くぼみの中では積もった雪の層が、しま模様になっているのが見える。

残雪の森の中で出会った根開き。木の幹に太陽の光があたるとあたたまり、そこから放射される熱（放射熱）が幹のまわりの雪をとかしていく。このため根もとの雪がよくとけて、そのくぼみを中心に、やがて幹のまわりの雪もきれいな円形にとけていく。

　ブナのまわりの雪が、すり鉢状にとけだして、雪の層が模様になって見える。風でふきこんだブナの枯れ葉の間から、フキノトウが元気に顔をだした。雪国では、フキノトウは真っ先に春の訪れをつげる植物。まわりに落ちている茶色いものは、ブナの花芽をつつんでいた皮。

ふもとにモモの花がさくころ、吾妻小富士の斜面に「種まき雪うさぎ」があらわれる（福島県）。

雪形
——山にえがかれた残雪模様

　空にうかぶ雲を見ていると、いろいろな動物の姿に見えることがある。それと同じように雪どけの季節になると、山の斜面に動物や人の形をした絵模様が見えてくる。絵模様は残雪の形が模様になるものと、雪のとけた地肌の形が模様になるものとがある。これを「雪形」とよんでいる。雪形はふもとからよくながめられる雪山にあらわれ、古くから農作業開始の暦として利用されてきた。

　雪形はとけてどんどん形を変えていくので、ある形になったら田植えや種まきをする目安にされてきた。また、雪形がはやく消えた年は積雪量が少ないので水不足が予想されることもある。反対にいつまでも雪形が消えないでのこっている年は冷害が予想される。そのため、天候や災害の予測、作物の豊作、凶作をうらなうことにも利用されていた。現在は人工衛星による気象観測の発達やテレビなどの情報の普及により、農事暦としての役割はうすれているが、気候変動の目安や地形を調べるのに利用されている。さらに、最近は文化財や観光資源としても注目を集めている。

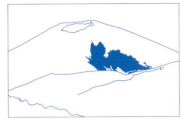

吾妻小富士の「種まき雪うさぎ」

妙高山の「はね馬」

五竜岳の「武田菱」

富士山の「農鳥」

妙高山の「はね馬」。田植えがはじまるころ、馬がはねているように見える（新潟県）。

五竜岳の「武田菱」。武田信玄が使った家紋ににている（長野県）。

富士山の「農鳥」。胸を張った鳥の姿がかわいい（山梨県）。

85

山形県・鳥海山（2236 m）の雪渓。夏の早朝、気温が下がり、スプーンでけずったような模様の「スプーンカット」がはっきりあらわれる。この模様は、気温が高く、風速が大きいときに発達する。あたたかい空気が表面を流れながら雪や氷をとかすとき、小さなうずによって"くぼみ"ができる。さらにそのうずが、くぼみをつくることによって、次つぎとくぼみができる。スプーンカットの縁のよごれは、雪がとけるとき、雪面のよごれが雪面の垂直方向に移動するため。大きさは 40cm 前後。

雪渓——夏も雪にうもれた谷

日本にも氷河があるといわれているが、一般の登山者がそれを目にするのはむずかしい。ましてや地球温暖化で世界中の氷河が消えている中では、氷河の成長などは期待できない。しかし、標高の高い山では一年を通して雪がのこる場所がある。万年雪とよばれる雪渓だ。雪渓は雪崩などによる雪でうもれた谷や稜線の風下斜面にふきだまる雪原にできる。

雪渓と氷河のちがいは、氷河は厚くなった積雪自身の重さで氷になり、積雪のときのような通気

鳥海山南斜面の雪渓。山の反対側は外輪山で大きな馬蹄形の断崖になっている。冬、北西の季節風が日本海から雪を運んできて南斜面にふきだまり雪渓をつくる。

昼、強い日差しで斜面の雪がとけていく。雪渓から蒸発する水蒸気が雪面近くで冷やされて霧となって風にまっている。スプーンカット模様はこの風のうずがつくる。

性がなくなる。さらに重力にしたがってゆっくりと下方に、水あめのように流れていく（→176〜177ページ）。しかし雪渓の積雪には通気性がのこっていて、氷河のような流動のし方もしない。

第3章

氷 こおる水の世界

　池や湖に張った氷は雪と同じ水の固体の姿なのに、雪の結晶と同じには見えない。それは生まれてくる過程がちがうからだ。雪は低温の上空で生まれた小さな氷晶が、まわりの水蒸気（気体）から水分を得て成長しながら降ってくる氷の結晶。一方、川や湖の氷、水たまりの氷、そして冷蔵庫の氷などは、すべて液体の水がこおったものである。しかし、どちらも水が固体になった姿には変わりない。

　水がこおって固体になるときには、いろいろな現象が見られるが、いちばん大きな特徴は、液体の水が固体の氷になるのは0℃以下で、氷になると体積がふえることだ。このような性質をもつ氷は、気温の変化やまわりの環境にあわせて、とけたりこおったりしながら、いろいろな姿形を見せる。

ふだんは見すごしてしまうような小さな水の流れも、冬がくるとしずくが時間をかけながらこおって、荘厳な氷の宮殿のような姿になる。冬以外には見られないまぼろしの氷の滝だ（青森県・奥入瀬渓谷）。

こおりはじめた水たまりや池

　水たまりや小さな池は、4℃になると水面がこおりはじめる準備ができあがる。水には4℃のときにいちばん重くなる性質がある。それ以上でも以下でも、重さ（密度）が軽くなる。

　よく晴れた夜は、放射冷却※という現象で水面が4℃に冷やされると、水面の水は重くなって底のほうにしずんでいく。さらに、あたたかい水は軽いので水面に上がり、対流がくりかえされる。やがて水たまりや池の水全体の水温が4℃になると対流が止まり、0℃に冷やされた水面からこおりはじめる。

　水たまりや小さな池などで、最初に氷ができるのは、岸辺の岩や石、植物のヨシなど、0℃以下に冷やされた部分に、水が接しているところからだ。そこから針状の結晶が成長していく。針状の結晶は、まるで生き物のように次つぎと拡大していき、やがて水面をおおってしまう。水面が氷でおおわれてしまう状態を「結氷」という。

左：針状の氷の間をうすい氷の膜が広がる。セミの羽とにているので「セミ氷」とよんでいる。この池では氷ができる間に水位が低下したので、氷の下にすき間がある。

※放射冷却は、雲のないよく晴れた夜、地上の物体から熱エネルギーが宇宙空間に向けて放出され、熱が失われて冷える現象をいう。

上：よく冷やされたヤナギの枝を中心に成長する針状の氷は、針状結晶という雪の結晶と同じ氷の結晶。結晶とは、その物質を構成する分子が規則正しく結びついてできる形をいう。水位が下がりながらこおったので、水が足りずセミ氷が少しだけ見える。1本の針状の氷の長さは中心から約15cmある。

浅い池に張ったうすい氷には、こおりはじめに見られる針状の氷のでこぼこがのこっている。

水たまりにうっすら張った氷。この氷も針状の氷を中心にしながらこおったので、表面がでこぼこしている。氷が半透明で白く見えるのは、水たまりの水位が下がり、氷の裏側にできた霜のため。

板氷——氷の結晶の集まり

　気温が−5℃に下がった夜、洗い桶に水を入れて屋外においたら、翌朝、厚さ2cmの板のような氷が張っていた。偏光板で氷をのぞくと、パステルカラーの美しい色彩が目に飛びこんできた。思わず「ホー」とおどろきの声がでた。パッチワークのような色のちがいは、1枚の氷の板がたくさんの氷の結晶の集まりであることを示している。

板氷を偏光板で見る。色のちがいは、氷が結晶するときの結晶の向きがそれぞれちがうからだ。色で区切られた数だけ、たくさんの氷の結晶が集まっている。

木のまわりにとりのこされた板状の氷。ダム湖では放水で水が急激に減ることがあり、湖面の水位の低下とともに結氷面も下がる。そのとき、木にこおりついていた氷の板が部分的にとりのこされてしまう。

鏡氷と気泡

　透明なガラスのようで、表面がつるつるした氷を「鏡氷」という。水面がこおるとき、はじめは針状の氷ができるので、でこぼこしているが、昼間、日の光で表面がとけ、夜間、ふたたびこおると、表面が鏡のようになめらかになる。鏡氷は、とても透明なので、氷ごしに水底がよく見える。

　氷の中に、宝石のように光るふしぎな模様がある。たんに空気の泡がとじこめられたものだと思っていたが、メタンガスだと知っておどろいた。正式な名前はないらしいが、雪と氷の詩人、高橋喜平さんは、これを「空氷」と名づけた。

湖に張った氷の表面にとじこめられた気泡。岸近くの湖底からわきでている温泉の硫黄ガスがつくりだした。氷の表面は、雪が積もるとにごった半透明になる（北海道・屈斜路湖）。

　　　鏡氷にとじこめられた気泡は、沼底の落ち葉が分解して発生したメタンガスのようだ。

あまり雪の降らない太平洋側の小さなダム湖が全面結氷した（埼玉県・秩父市）。

氷に近づいてみると、湖底からわきだしたガスが動画のように連続してとじこめられ、それがこおりついてふしぎな模様をえがいている。

アイスフラワー
——氷の中にさく花

　池や水たまりに張った氷に日光があたると、氷の内部に雪の結晶とよくにた模様ができるというので、虫眼鏡でさがしてみた。しかし、簡単には見つけることができなかった。

　ゆっくりこおらせた氷で試すとよいというアドバイスをうけて、プラスチックの容器に水を入れ、発泡スチロールの箱の中におき、冷蔵庫で時間をかけて氷をつくってみた。小さく割った氷片を日光にさらしてみると、氷の中にたくさんの六花があらわれておどろいた。これが「アイスフラワー」だ。

　アイスフラワーは氷が中からとけるときに雪の結晶とよくにた形になるふしぎな現象で、「チンダル像」ともいう。

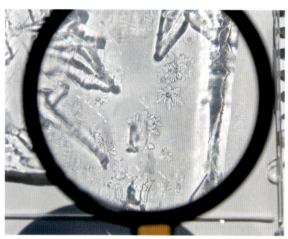

真夏でも氷を日光にあてて見ると、アイスフラワーが観察できるのは楽しい。ベランダでＡ４の紙をしき、プラスチックの容器に氷を入れて虫眼鏡でのぞいたアイスフラワー。

　３段になって大きくなるアイスフラワー。氷の内部がとけるとき、雪の結晶のような六花が広がっていく。中央の円は氷がとけるときにできた空洞で、空気が入っていないので「真空の泡」というが、実際は水蒸気が入っている。水がこおるときは体積がふえるが、とけるときは反対に体積が減るために空洞ができる。

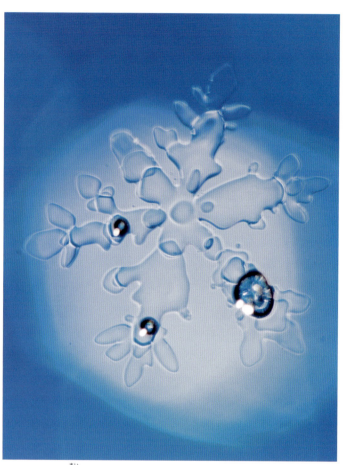

氷の内部で6枚の花びらを広げて大きくなっていくアイスフラワー。「真空の泡」は1つのことが多いが、この写真では3つに分かれている。氷がとけていくと六花の形がくずれて、ただの水の集まりと「真空の泡」となる。

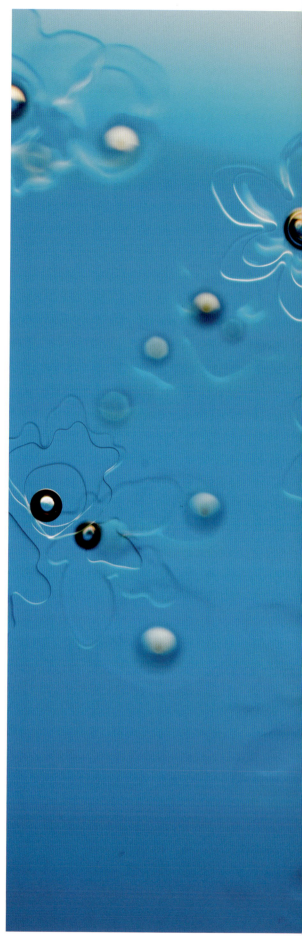

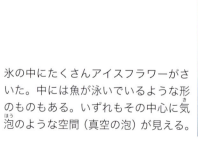

氷の中にたくさんアイスフラワーがさいた。中には魚が泳いでいるような形のものもある。いずれもその中心に気泡のような空間（真空の泡）が見える。

102

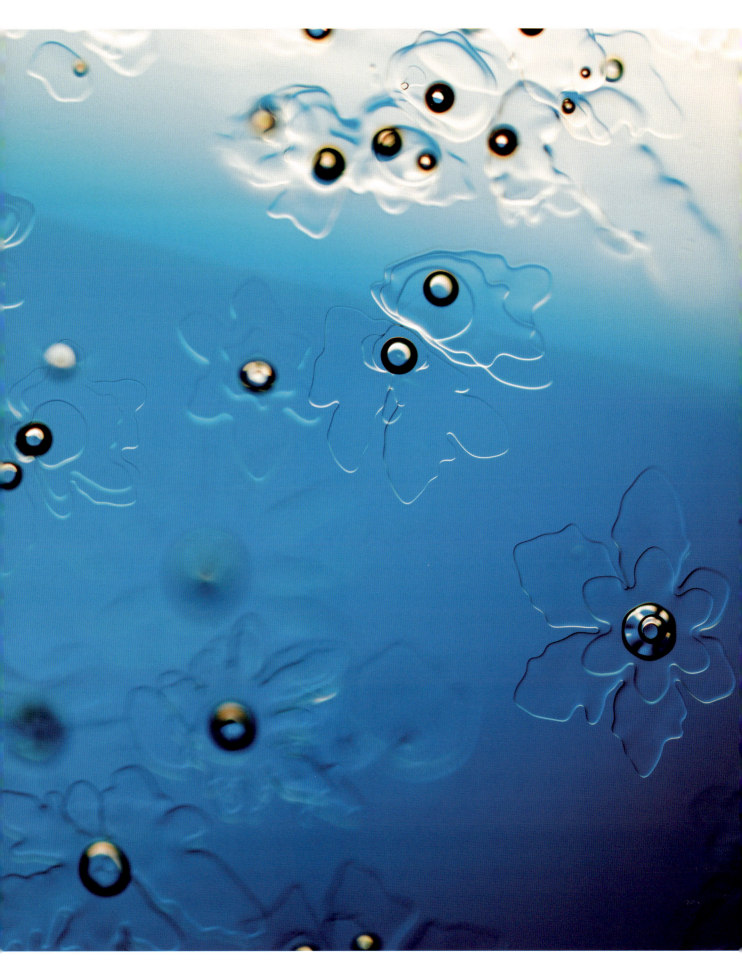

大きな湖がこおる

　大きな湖は、夏の間にあたためられた水がなかなか冷めず、冬がやってきて寒くなってもすぐにはこおらない。水面が冷やされても、重くなった水が下にしずんで、反対にあたたかい水が底から上がってくる。こうして、しばらく水は対流しているので、湖全体はすぐには冷たくならない。しかも、大きな湖では風がおこす波によって、表面付近の水がかきまぜられるので、氷ができる０℃の水温まで下がりにくい。そして氷が張ってもすぐにこわれてしまう。

　それでも気温が氷点下の日がつづくと、やがて針状の氷がシャーベット状に水面をおおってこおりはじめる。針状の氷片は波にもまれ、たがいにぶつかりあって縁を厚くし、ハスの葉のような円盤状の形ができる。これを「ハスの葉氷」とよんでいる。ハスの葉氷どうしがくっついていくと、最後は湖の全面がこおってしまう。

こおりはじめた湖。ハスの葉氷がくっつきあって湖をおおっている（岩手県・岩洞湖）。

ハスの葉氷が、縁にシャーベット状の氷片をつけながら、水面をただよっている。ハスの葉氷の縁にもりあがったシャーベット状の氷は、ハスの葉氷どうしをくっつける接着剤の役目をする。

結氷した摩周湖

　アイヌ民族から「神の湖」とよばれる摩周湖は、北海道の湖の中でも、多くの人が行ってみたいと思う湖の1つだ。とくに厳冬期、結氷した湖面には、うすく雪化粧したサファイアブルーの絶景が広がる。

　摩周湖は火山活動でできたカルデラ湖だ。水深は212mもあるので、北海道の寒冷な地域に位置しながらも、全面がこおることは少ない。それでも寒波がおそう年には全面がこおりつく。それは湖が最も神秘的にかがやく瞬間である。

全面結氷した摩周湖。氷の上一面に雪が積もっている。この年には寒波がおそって全面に氷が張った。

こおりはじめた摩周湖。湖面の白いところは、氷の上に雪が積もり、そこに風がふいたのでまだら模様になっている。手前の黒く見えているところは、まだこおっていない場所。足あとはキタキツネが歩いたあと。

屈斜路湖の御神渡り

　地球上にまっ平らな平原があるとしたら、それは結氷した湖と乾燥地帯に見られる塩の湖ぐらいだろう。北海道の屈斜路湖のこおった広大な湖を、氷の小山が縦横無尽に走る。きびしい寒さの中、氷の板が膨張と収縮をくりかえしてできた氷の山は、塔のように1m近くせりあがり、対岸まで数キロメートルにわたってつづいている。「御神渡り」とよぶ現象だ。

　氷は温度が下がると収縮し、温度が上がると膨張する。屈斜路湖では、湖が全面結氷してさらにきびしい寒さがつづくと、湖の氷がちぢんでさけ目ができる。さけ目からは水面がのぞいているが、まもなく新しい氷が張る。そして、あたたかい日がつづくと、ちぢんでいた氷が膨張する。さけ目に張った氷の部分はまわりの氷よりうすいので、膨張した氷はその部分で両側からおしあげられて山をつくる。

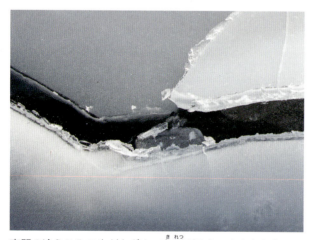

夜間の冷えこみで氷がちぢんで亀裂が入り、あらわれた水路。しかし、低温のためまもなく水路には氷が張る。

1m近くせりあがった氷の板と、対岸まで数キロメートルにわたってつづく、モグラがつくったような氷の小山は、屈斜路湖の御神渡り。御神渡りということばは長野県の諏訪湖近くにある諏訪大社の神事が由来で、古くから御神渡りの状態によって作物の豊凶や世の中の吉凶をうらなってきた。しかし、温暖化の影響で御神渡りの発祥地、諏訪湖では最近、結氷しない年もある。

しぶき氷——湖岸の樹木や岩にできる氷

　火山の噴火などでできた大きなカルデラ湖は深く、冬になってもなかなか冷えず、めったに結氷しない。季節風がはげしく湖面にふきつけるようになると、大波が白い"きば"をむいて岸におしよせ、岸辺の岩や木などにおそいかかる。このようにはげしく波立っていると、湖はこおりにくい。

　しかし、冷たい季節風によって0℃以下に冷やされた岩や木などに、波しぶきがかかると、たちまちこおりついてしまう。これを「しぶき氷」という。別名、「しぶき着氷」だ。また、かかったしぶきが、したたり落ちながら、ゆっくりこおってできるつららを「しぶきつらら」とよんでいる。

しずくから生まれた球状の氷。たれさがったつるに、小さなしずくがこおりつき、ときどき波に洗われ、少しずつ大きく成長してできた。大きさ15cm前後。

タコのような氷のお化けは、岸壁の船をつなぐ係船柱に、しぶきがかかってこおりついた「しぶき氷」。しずくは、「しぶきつらら」となってたれさがっている。

波をかぶって「しぶき氷」におおわれた湖岸の樹木や岩。木の枝には、かかったしぶきがこおってできた「しぶきつらら」も見られる(青森県・十和田湖)。

木の枝にかかったしぶきが、したたり落ちながらできた「しぶきつらら」。波立つ水面から水の供給をうけて、先端に球状の氷ができる。

左：ヨシの茎にできた「しぶき氷」と、水面から水が供給されてできた円盤状の氷。

右：岸辺の枝にしぶきがかかってできた「しぶきつらら」は、ワイングラスの足のようだ。つららの先端では、静かな波が運ぶ水面にふれて円盤状の氷が成長した。

船着き場の杭に雪が積もり、その上に波やしぶきがかかってこおる。そのくりかえしで、クラゲのような「しぶき氷」と「しぶきつらら」ができた。

氷瀑──こおりつく滝

　1月末、雪と氷にとざされた峡谷をひたすら登っていくと、断崖絶壁にかこまれた広い空間にでた。夏の間、轟音をたてて落下していたたくさんの滝は、魔法をかけられたように巨大な「つらら」に変わっていた。このこおった滝を「氷瀑」という。

　流れる水はなかなかこおらないが、冬の寒さと水量が減ることで、流れも弱まり、冷えた岩などに接したところや、浅い岸辺からこおりはじめる。水がはげしく流れ落ちていた滝も、しずくとなってしたたり落ちると、いつしか無数のつららをつくって、氷のカーテンのようにこおってしまう。

巨大な氷の柱は、滝の水がしたたり落ちてできた直径5〜6mのつらら。ろうそくがとけて"ろう"がしたたり落ちるように、滝のしずくがこおっている。足元には気温が上がってくずれ落ちたつららが岩のように積みあがっている。

断崖に立ちならぶ摩天楼のような氷瀑（栃木県・雲竜渓谷）。

116

雲竜渓谷の雲竜の滝がこおった。1～2月の1週間前後だけ、かたいつららにおおわれてアイスクライミングが楽しめる。

雪と氷の長い取材の中で、二度と行きたくないと思う場所が氷瀑の聖地、雲竜の滝だ。標高1655mにあるこの滝は落差170m。渓谷のどんづまりにある雲竜の滝は、冬季、鎖のない45°の雪の急斜面を上り下りしないと、滝つぼまでたどりつけない。斜面で滑落すると大けがをする（栃木県・雲竜渓谷）。

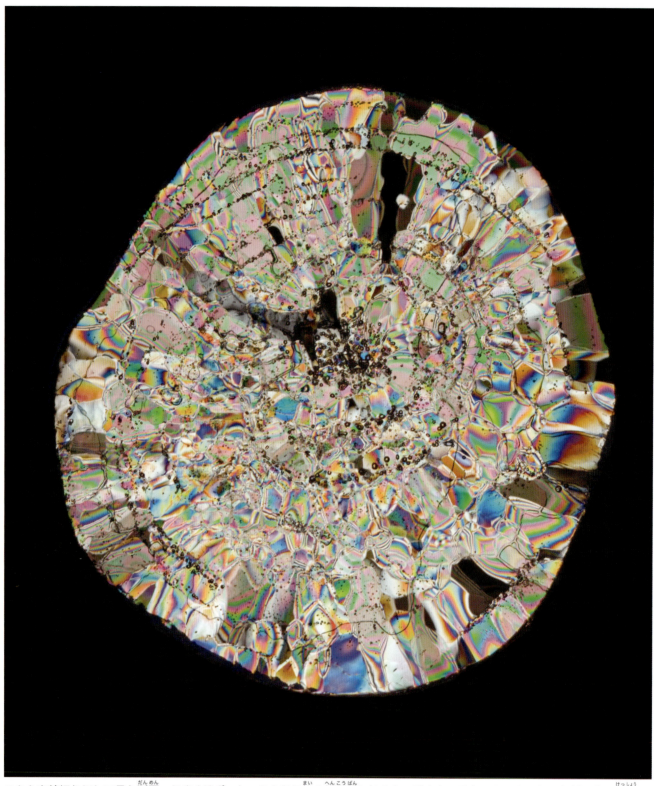

つららを輪切りにして見た断面。うすくけずったつららを2枚の偏光板にはさんで光をあてると、1つ1つ色のちがう氷の結晶が見える。つららは、たくさんの氷の結晶が同心円状に集まってできている。

こおりついた滝の裏側から見た氷のカーテン。何本ものつららがくっつきあうようにして上から下へのびている。幅は約5m。

氷筍──地面から上にのびる氷の柱

　1月末、スノーシューズをはいて、深い沢ぞいの林道を歩くこと1時間あまり、古代人が暮らしていたかもしれない大きな洞窟にたどり着いた。奥行きは20mもないが、くずれ落ちてこけむした岩の上に、水晶のように透明な氷の柱がひな壇になって洞窟をうめつくしていた。長い間、見たいと思っていた氷筍だ。

　地底でさまざまな鉱物が結晶して、あやしい光を放つように、足もとをうめつくす巨大な氷の宝石に、感動のあまり足がすくんでしまった。

　洞窟やトンネルの天井からしずくがしたたり落ちて、0℃以下に冷やされた地面でこおりつく。こおりついたしずくには、さらに次つぎとしずくが落ちてきて、タケノコのように天井に向かって氷の柱が成長していく。このような氷を「氷筍」とよんでいる。

　氷筍は天然の巨大な1つの氷の結晶でできている。つまり偏光板で見ると1色しかない。つららや板氷はたくさんの氷の結晶が集まってできているが、氷筍は少しずつしたたり落ちた水がこおってできるため、ほぼ完全な1つの結晶になっている。これを「単結晶」（→187ページ）という。

巨大な氷の単結晶で成長をつづける氷筍。大きいもので1m以上。

キャンドルアイス

春、強い日差しが降りそそぐと、厚い氷と雪にとざされていた湖の水面が姿をあらわす。このとき氷の結晶の境界面がとけて、結晶どうしの結びつきが弱くなり、厚い氷の板がバラバラにくずれる。そして、細長い氷の結晶に分解して湖面にうかびあがってくる。その形がろうそくににているので、この氷を「キャンドルアイス」とよんでいる。クリスマスでもないが、いかにも北国の春をつげる心地よいよび名だ。

氷の側面を見ると、水面から水中へ成長した氷の結晶が束になってくっついている。この1本1本がキャンドルアイスだ。

氷の板の側面に光をあてて偏光板を通して見ると、水面から水中に向けて縦方向に、氷の結晶が成長しながらのびている。

氷の板の底を見ると、水面から下に向かって成長した氷が結晶の束になって集まっている。

春一番のあたたかい強風がふくと、湖の氷がいっせいにとけだした。結晶の境界面でバラバラになってできたキャンドルアイスが、岸辺にたくさん打ちあげられている（北海道・然別湖）。

氷紋——氷の上にあらわれたふしぎな模様

　北国の太平洋側では雪はあまり降らないが、日本海側の雪国よりも寒さがきびしい。冬のはじめ、池や湖に氷が張りはじめた。そんなある日、降りだした雪が、うすく張った氷の上に積もる。まだこおっていない水面も、はげしく降る雪がまじってシャーベット状になり、そのまま雪におおわれてしまう。このとき雪が積もった池や湖に、ふしぎな模様があらわれる。湖面にあらわれた記号のような模様は氷紋だ。

　氷紋は氷の状態と雪の降り方や気温によって、樹枝状、円盤状、同心円状、放射状、クモヒトデ状など、いろいろな模様をつくる。

　氷紋には氷の下から水がわきだしてくる穴がある。穴からわきだした水が氷の上の雪をとかすことで、いろいろな模様をえがきだす。穴は風や日差し、湖底からのわき水や噴出するガスなどが原因でできる。また、氷の結晶どうしが接しているところでは、光を吸収してとけて穴になっているところがある。さらに氷の下に樹木や人工物がしずんでいると、その部分の水深が浅くなるので、そこだけ積もった雪が早くとけて模様をつくることもある。

　氷の穴から水が上がってくるのは、氷の上に積もった雪の重みや穴の周囲がとけかかって、氷の板が水中にしずむからだ。

樹枝状の氷紋。氷の上にうすく雪が積もり、水がしみだしてできた樹木のような模様だ。氷の下にコンクリートの柱がしずんでいて、そこだけ水深が浅い。日差しをうけるとまわりよりはやく氷がとけて、雪の中を水がしみながら水路をつくって広がっていった。

シャーベット状の雪におおわれた湖面に、花がさいたように放射状氷紋があらわれた。冷たい水の上に雪が降り、とけきらずにシャーベット状になって水にういている。さらにその上に雪が降り積もった。湖面が白いのは雪のほうが多いから。最後まで水がのこっていた部分から水が上がってきて氷紋をつくったと考えられる。

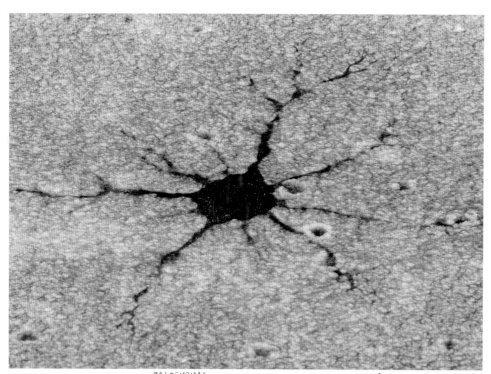

クモヒトデのような形をした放射状氷紋。シャーベット状の氷の上に雪が降り積もり、氷の上に水がしみだしてこのような模様ができる。黒いしみは水としみだした水路。

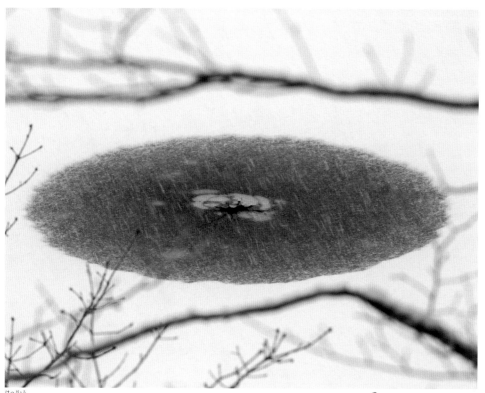

結氷したダム湖にはげしく雪が降っている。放射状氷紋からしみでる水を吸って重くなった雪が、円形に落ちこんで円盤状の模様をつくる。

クモヒトデのような放射状氷紋と、円盤状の模様をつくって積もる雪。シャーベット状の湖面は完全にはこおっておらず、雪は吸い取り紙のような役目をしている。このままはげしく雪が降りつづけば、いずれ湖面全体が雪におおわれてしまう。氷紋の模様は、このあとどうなるのだろうか。おそらく雪に消されてしまうだろう。

巨大な生き物の舌のような形をした氷紋が対岸までのびている。この不気味な模様は風あたりの強い場所にでき、最後まで水面にのこっていた。強風が運河のように水を運んで氷の上の雪をとかしたあと（岩手県・御所湖）。

円盤状氷紋。きれいな円形模様になっている。氷紋は、水面の氷が昼の間はとけて夜はこおるのをくりかえすため、消えたりあらわれたりする。とくに湖面が新たに雪におおわれると、また新たな氷紋が生まれる。

130

全面結氷したダム湖が雪におおわれて円盤状氷紋があらわれた。水のわきだし口がある中心部分ほど雪は水をすって重くなっている。その重みで氷がしずんでいき、しずむ範囲は同心円状にしだいに広がっていく（岩手県・御所湖）。

海氷——海水がこおる

　毎年1〜3月ごろ、北海道のオホーツク海沿岸にやってきて、あたり一帯の海をうめつくす「流氷」は、シベリアのシャンタル湾付近で生まれた「海氷」だ。

　淡水の湖は0℃になると、水面にうすい氷の膜をつくってこおっていくが、海水がこおる温度は塩分量によってことなる。塩分濃度3.4%のふつうの海水がこおる温度は、-1.8℃である。

　海は海水が対流しながら海水全体が結氷温度になると、海水の中で氷の結晶が生まれて、海面にうかびあがってくる。さらに海水が冷やされると、海水の中で生まれる氷の結晶がまして、海水はシャーベット状になる。やがて氷の結晶どうしがくっついて氷の球をつくる。氷の球は波にゆられながらたがいにくっつきあい、いっしょに動いて大きなかたまりの「ハスの葉氷」ができる。こうして海面は成長したハスの葉氷でおおわれてこおってしまう。

ハスの葉氷が海面をおおって、やがてうめつくされると海はこおってしまう。

氷の結晶でシャーベット状になった湾の海水。球状の氷とハスの葉氷が成長しながらただよい、海面がこおっていく。海氷ができるとき、氷の結晶の中に塩分は入ることができず、結晶は純粋な水でできている。しかし、結晶ができるときに分離した濃い塩水の一部が、結晶と結晶の間にとじこめられている（北海道・宇登呂）。

氷の結晶がシャーベット状になってうかんだ海と、岸に打ちあげられたシャーベット状の氷。

流氷──北の海からの恵み

　流氷は海流や季節風にのり、オホーツク海沿岸におしよせる。寒さを運んでくる流氷は、同時に海の幸も運んでくる。それはアムール川の水で生まれた海氷には、陸のいろいろな栄養分がまじっているからだ。流氷の中にとじこめられている藻類などの植物プランクトンは、川から流れでた陸の栄養分や光合成でつくりだした栄養分を使いながら、仲間をたくさんふやす。そして、オキアミなどの動物プランクトンは、この植物プランクトンをえさにする。さらに、その動物プランクトンを食べるスケソウダラやニシンなどの魚類も集まってくる。

　また、北の海をうめつくす流氷は布団の役目をして、寒さから海中の生き物たちを守ってくれる。

潮の流れで白いシャーベット状の氷が沿岸におしよせる。左の黒っぽい海水はハスの葉氷ができて動かない。右の白い海水はシャーベット状の氷の結晶で、海面上を流れている。白い氷のもりあがった線は、潮の流れでハスの葉氷の上にのりあげたシャーベット状の氷。海水は左の岸から右の海のほうに向かってこおりはじめた。

北海道オホーツク海沿岸におしよせた流氷。雪が積もっているので白く見える。近年、温暖化のためか、流氷の到来がおそくなり、流氷の規模も小さくなっている(北海道紋別市)。

第4章

雪と氷の仲間

　これまで見てきた雪と氷は、それぞれ生い立ちはちがうが、みんな水の固体の姿である。これから紹介する雪と氷の仲間は、少し複雑な過程を経て、わたしたちの前にあらわれる、もう1つの水の固体の姿だ。

　はるか上空で水蒸気が昇華凝結して生まれる雪の結晶と同様、地上や地上付近で見られるダイヤモンドダストや霜も昇華凝結で生まれる。

　−20℃以上になってもこおらない過冷却水滴は、雲の中では日常的に見られるが、地上で見られる霧氷はその過冷却水滴から生まれる。これらはみな川や海、山など、−20℃前後の、寒さのきびしい場所で見られる現象だ。

　また名前は霜とつくが、少しでき方がちがう霜柱がある。そして、雪と氷の終わりに「氷河」についてふれたい。

雪の花をさかせているのは、シラカバの木についた樹氷。川霧がくっついてこおってしまった（北海道・大雪山山麓）。

内陸の雪の平野部に低く霧が立ちこめている。寒気が流れこんで地表の空気を冷やして霧を発生させた。雪の積もった地表付近のほうがあたたかく、蒸発した水蒸気が寒気にふれて細かい水滴の霧になった。気温が上がると霧は蒸発して消えてしまう。この日の朝6時の気温は－16℃だった（北海道名寄市）。

オホーツクの海面から立ちのぼる霧。地元では気嵐とよんでいる。まわりの冷たい空気よりあたたかい海水から蒸発した水蒸気が、冷たい空気にふれて細かい水滴となり、湯気のように見えている。この日の朝の気温は－22℃（北海道紋別市）。

蒸気霧——平野や水面をただよう霧

　－20℃をこえる寒い朝、雪が積もった平野部、こおらない川や海を、白い霧がおおって幻想的な風景を見せている。雪面や川面、海面からは、水蒸気が大気中に向かってつねに蒸発している。夜間、雲などのさえぎるものがないところでは、放射冷却で地表や水面は冷たい空気にさらされる。そのため水蒸気が小さな水滴の霧になる。この現象を気象用語では「蒸気霧」というが、北海道地方の方言では「気嵐」とよんでいる。

川面から立ちのぼる霧。流れている川の水は寒くなってもなかなか冷えない。あたたかい水面から水が蒸発して、それが冷たい空気にふれると霧が発生する。岸の木ぎには、霧がこおってできる樹氷が見える。樹氷は過冷却水滴がこおりついてできる。

大気中にうかぶ氷の粒

　5000ｍ以上の高い空は気温が低く、そこにうかぶ巻雲は、小さな氷の粒、氷晶でできている。ここは雪の結晶が誕生する場所だ。

　一方、地表付近でも、放射冷却でよく冷えた朝、気温や湿度が雪の誕生する上空と同じような気象条件になると、無数の氷の結晶が空気中をただよう現象が見られる。「ダイヤモンドダスト」だ。またの名前を「細氷」ともいう。

　ダイヤモンドダストは、上空の氷晶と同じもので、柱状や板状の氷の結晶が空気中にういたり落下したりしながらただよっている。また、ダイヤモンドダストがうかんでいる方向に太陽があると、太陽から地面に向かって光の柱が立って見える。これを「太陽柱（サンピラー）」という。これらの現象は無風で気温が－20℃前後になる高山や北海道の内陸部でよく見られる。

ふしぎないろどりの雲は水平環（環水平アーク）の一種。大気中の氷晶によって太陽の光が屈折しておこる現象で、巻雲など氷晶でできた雲にあらわれる。

太陽のまわりにできた光の環、日暈。ハロともいう。高い空に氷晶でできた巻層雲（うす雲）が広がったとき、氷晶によって太陽の光が屈折して見られる現象。

右：太陽柱（サンピラー）。朝の雲間から太陽が顔をだし、太い光の柱が地上に下りている。ダイヤモンドダストの氷の六角板結晶が、太陽の光を平らな面で反射しているので、光が上下に柱のようにのびて見えている（北海道名寄市）。

ダイヤモンドダスト。太陽の光をあびたダイヤモンドダストに近づいてみると、キラキラかがやいている。ダイヤモンドダストは雪の結晶のもとになる氷晶同様、規則正しい形をした氷の結晶が、光を屈折させたり反射したりしている。無風でないと見られない。

よく冷えた朝、森の中をダイヤモンドダストがかがやきながら、上下にゆっくりうかんでいる。ダイヤモンドダストは、上空の雲の中で雪の結晶の生まれる現場が、地上付近でそのまま見られる現象（北海道富良野市）。

霜——地上にさく氷の花

　雪が降ったように大地を真っ白にする霜。霜は空気中の水蒸気が冷やされ、昇華凝結して氷の結晶になったものだ。その形は雪の結晶とよくにている。しかし、雪の結晶が空気中にうかびながら成長して、美しい対称形になるのに対し、霜は物体の表面にくっついて成長するので、雪の結晶のように上下左右が対称形にはならない。

　それでも霜は雪と同じように、気温と湿度の組み合わせで、雪の結晶とにた針状、樹枝状や、コップ状など、いろいろな形になる。

地面に落ちたナナカマドの実に霜がついた。針のような形をした氷の結晶。

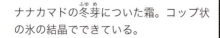

ナナカマドの冬芽についた霜。コップ状の氷の結晶でできている。

よく冷えた枯れ葉にふれた水蒸気が昇華凝結して樹枝状の霜をつくった。枯れ葉にはあまり霜はつかないが、雨でぬれたあとだったので、葉から蒸発した水蒸気が霜になった。

右：クマザサの葉と積雪のでっぱった部分にできた樹枝状の霜。雪からも水蒸気がたえず蒸発していて、その水蒸気が冷えたものにふれると霜ができる。

山小屋の天井にできたコップ状の霜。無人の小屋は室内にもかかわらず、天井がよく冷えていたため、そこにふれた水蒸気が昇華凝結して霜ができる。

つららの表面にできた樹枝状の霜。つらら自身冷たいので、それにふれた水蒸気が霜になる。

右：洞窟の天井にできた大きな樹枝状の霜は長さが5cmもあった。天井からぶら下がるつららをしんにして成長したようだ。洞窟の中は、岩の割れ目からしずくがしたたり、つららができるなど、湿度が高い。気温が0℃以下に下がると、洞窟内の水蒸気が冷えた天井の岩やつららにふれて樹枝状の霜をつける。

フロストフラワー
──氷の上にさく霜の花

「フロストフラワー」は、氷の上にさいた霜の花だ。結氷した湖面の氷から蒸発した水蒸気が、氷の表面の小さな突起部分に、次つぎに昇華凝結して、花がさいたような形に霜を成長させていく。

フロストフラワーのできる条件は、厳冬期で寒さがきびしく、風が弱いこと、こおった湖には雪が積もらないこと。また、霜の材料である水蒸気が近くにあること。いちばんよいのは、結氷した湖の近くに、温泉などがわきだすこおらない水辺があることだ。

湖に張った氷の上にできたフロストフラワー。ブーケのように針状の結晶が集まっている。

結氷した湖のガス穴付近はこおっていない。するどくとがった氷の穴の縁に、フロストフラワーがたくさんさいている。このフロストフラワーは、湖面から蒸発した水蒸気が、氷の縁で冷やされて霜になった。

地中から細い氷の束になってのびる霜柱。その上を歩くと金属音を立てて靴が深くしずんだ。

霜柱──地中からのびる氷

　雪があまり降らない太平洋側では、よく晴れた冬の朝、畑や庭が一面真っ白になっていることがある。白いものの正体は霜だが、その地面をよく見ると土や石がもちあがっている。もちあげたのは細い氷の柱、霜柱だ。霜という名前がついているが、霜柱は土の中にふくまれる液体の水がこおってできた氷の柱。細かい土と土のすき間を水が毛細管現象で上がってきて、地表近くで0℃以下に冷やされてできる氷である。水はこおるとき体積が約9％ふえるので、地中から毛細管現象で次つぎとのぼってくる水がこおり、氷の柱となって上へのびていく。

　関東ローム層のような火山灰でできた土粒の細かい土地では、毛細管現象がおこりやすく、霜柱がよくできる。反対に、水はけのよい砂地や水はけのわるい粘土質の土地ではできにくい。

霜の降りた寒い朝、霜柱が地面の小石をもちあげている。表面の枯れ葉や枝の白いものは霜。その下の細い柱状のものが霜柱。1本の霜柱の太さは1〜2㎜。霜柱は1㎡あたり20tもある重さのものをもちあげることができ、道路や大きな建物ももちあげてしまう現象を凍上現象という。

シラカバの木についた霧氷は水蒸気からできた樹霜。

カラマツの枝に樹枝状の氷の結晶をつけた樹霜。くっつき方が弱いので、風がふくと、サクラの花びらが散るようにすぐ落ちてしまう。

樹霜──木ぎにさく霜の花

　氷点下に冷えた快晴の朝、霧氷が樹木に白い氷の花をさかせている。霧氷は、0℃以下に冷やされた樹木などに、空気中の水蒸気がふれて霜になったり、過冷却水滴がぶつかって氷になったりする、着氷現象だ。霧氷には、樹霜、樹氷、粗氷、雨氷の4種類がある。

　なかでも冬の間よく見かける樹霜は、夜間の放射冷却で、樹木などに水蒸気が昇華凝結して氷の結晶となったもので、そのでき方や形は雪の結晶とよくにている。

樹氷——木ぎをかざる氷

　冬、山が深い霧におおわれると、数メートル先がまったく見えないホワイトアウト状態になることがある。霧が晴れたあと、雪が降らなかったのに、雪が積もったように木の枝が白い氷でおおわれていた。樹氷だ。

　樹氷は山で多く見られる着氷で、よく冷えた木などに過冷却水滴がぶつかり、こおってできる。過冷却水滴には、0℃以下に冷えた物体に衝突すると、たちまちこおりついてしまう性質がある。過冷却水滴が次つぎに物体にぶつかってこおるとき、氷と氷の間に空気がはさまれると、白く不透明でもろい樹氷ができる。この着氷は、こおりはじめた部分は幅がせまく、だんだん三角状に広がって風上に向かってのびていく。このような樹氷をその形から「エビのしっぽ」とよんでいる。

過冷却水滴が、直径10㎜にみたない植物のつるに衝突して、風上側に樹氷が成長していく。過冷却水滴の量が多いほど、また風が強いほど樹氷はよく成長する。「エビのしっぽ」はクシ状になっているが、根もとは幅がせまい。

ダケカンバの木にできた樹氷。風上側に向かって「エビのしっぽ」がのびている。

雨氷ができるのは、気温が0℃近くで風が強いとき。過冷却の雨粒か大きめの過冷却の霧粒が、冷えた木の枝にぶつかってぬらしながらこおっていく。まるでガラス細工のようで、透明なかたい氷になる。

雨氷と粗氷——できるときの条件

「雨氷」は気温が高くて風速が強く、過冷却の霧粒が大きいときにできる。その場合、過冷却水滴は物体に衝突してもすぐにはこおらず、ぶつかった面をぬらしながらこおる。このとき、空気がまじることがないので、透明でなめらかな氷になる。雨氷はかたくこおっているので、着氷したところからはがれない。

「粗氷」は物体に衝突する霧粒が、わずかにぬれながらこおっていくので、透明な層と気泡をたくさんふくんだ不透明な層が重なって成長する。樹木などの物体にくっつく力が強く、衝撃を加えてもすぐには落下しない。

過冷却の大きめの霧粒が木の枝にぶつかってできる粗氷は、やや透明に近い層と気泡をふくんで白っぽい層が重なっている。できる条件は雨氷と樹氷の中間。氷の質は緻密でかたい。

樹木以外にもできる樹氷

　冬の季節風がはげしくふきつける山頂では、よく冷えた過冷却水滴が樹木だけでなく、岩や建物、鉄塔など、あらゆる物体にぶつかってこおりつく。過冷却の霧粒は、物体に衝突すると瞬間的にこおって、魔法をかけたように、「エビのしっぽ」状の氷ですべてをおおってしまう。

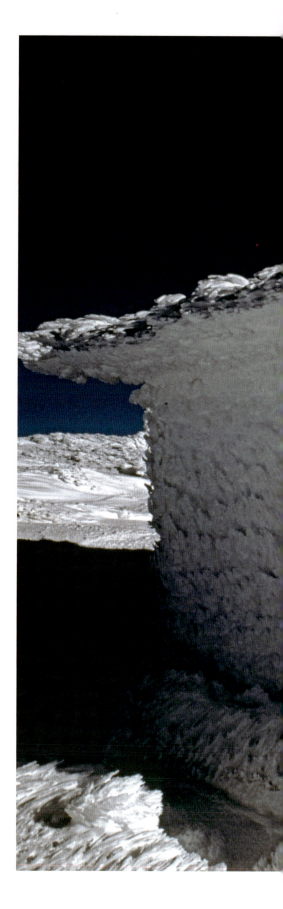

山頂に立つ鉄塔と送信用のアンテナにできた「エビのしっぽ」。

ブロックづくりの建物が「エビのしっぽ」でおおわれている。できたところは樹木ではないが、これも樹氷だ。
樹氷は樹木以外にも見られる着氷現象で、着氷のすごさと思わず笑ってしまうおかしさを見せてくれる。

アイスモンスター
──樹氷と雪の合作

宮城県と山形県にそびえる蔵王連峰では、樹氷と雪がアオモリトドマツ全体をおおって、「アイスモンスター」とよばれる怪獣のような独特の雪像をつくりだす。この雪像のまたの名をスノーモンスターともいう。

宮城蔵王の刈田岳（標高1758m）の樹氷原。台風なみの季節風が大量の過冷却水滴と雪を運んでくる。その一部はアオモリトドマツに衝突して着氷と着雪をくりかえし、アイスモンスターを成長させていく。

おかしな形の
アイスモンスター

　アイスモンスターは過冷却の霧粒にまじって降ってくる雪や、風で雪面から飛ばされた雪粒が、次つぎと樹木にのりづけされて生まれる。降雪量の多い・少ない、気温の高い・低い、風の強弱など、その冬の気象条件によって、いろいろとおもしろい姿形の雪像ができる。しかし、最近は温暖化のせいか、以前はよく見られた巨大なアイスモンスターや「エビのしっぽ」でガチガチにかためられた強そうなモンスターは見られなくなってきた。

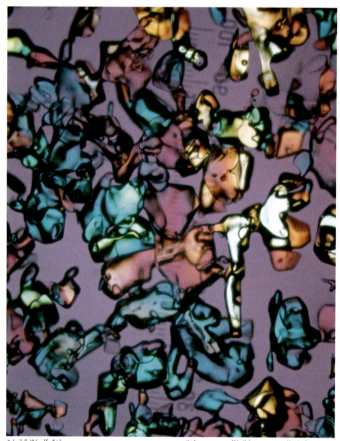

偏光顕微鏡で見た「エビのしっぽ」状の氷の断面。氷の結晶と空気（紫色の空間）が入りまじっている。

よろいのように全身に「エビのしっぽ」をつけたアイスモンスター。まるでエイリアン（異星人）。強そうだ。

朝の樹氷原。この年は暖冬で、2月の厳冬期であるのにアイスモンスターがとけかかって、鼻水がたれさがったような情けない姿になっている。こうなってしまうと、はがれたところには樹氷はつかない。それでも高さは7m以上ある。

仁王様のように立っているアイスモンスターは、全身、雪と氷につつまれたアオモリトドマツ。
まるで魔法にかけられて、一瞬で雪像になってしまったようだ。腹の部分は風下にあたるので、
樹氷の発達はないが、左の背中側からまわりこんでくる雪をくっつけて、少し貫禄をだしている。
アイスモンスターには、樹木全体をおおう降雪や風雪が欠かせない。

背中にたくさん「エビのしっぽ」をつけたアイスモンスターが、ペリカンのお化けに変身。
カメラを向けると、ポーズをとって笑ったような気がした。

アイスモンスターができる山頂付近は、嵐のような冬の天気がつづいて、なかなか晴れない。1週間ぶりの青空の下、山頂に立つと、鬼がわらのような形をしたアイスモンスターができていた。風上側全面が季節風の強烈なパンチを食らって、「エビのしっぽ」でボコボコにされていた。その姿を見て一瞬ひるんでしまった。山頂の風はすごい！

蔵王連峰の東斜面に広がる朝の樹氷原。アオモリトドマツの原生林を樹氷と雪がおおって、アイスモンスターが大きく育っている。寒さがきびしく、雪が多い年は、雪だるまのようなアイスモンスターができる。

氷河にできた横穴に入ってみた。恐竜の巣のようなふしぎな空間は、「スプーンカット」とよばれるくぼみ模様が、びっしり氷の壁面から天井までおおっている。プリンをスプーンですくったような氷の模様は、雪どけ時の雪渓（→86ページ）でもよく見られる（カナダ・エンジェル氷河）。

氷河——おわりに訪ねる雪と氷

　ヒマラヤや南極などの極地に降った雪は、長い年月をかけて積もっていくうちに氷に変わり、重力の方向に水あめのようにゆっくりと流れていく。このように流動現象を見せるのが「氷河」だ。雪は圧力がかかると氷になる。また、雪や

モンテローザ（4634m）から流れだすフィンデルン氷河。水あめのように氷の川がゆっくりと時間をかけて流れている（スイス）。

アンデス山脈の南端部にある、南パタゴニア氷原から流れだすペリト・モレノ氷河の先端部。氷河の長さは約30km。湖面からの高さは約60mだが、湖底からの氷の高さもふくめると約170mもある。1日あたり約2mのはやさで、アルヘンティーノ湖になだれ落ちている。地球温暖化で後退する氷河が多い中で、この氷河は後退していない（南アメリカ・アルゼンチン）。

　氷は、ゆっくり力が加わると、粘る性質があらわれる。氷河が氷の川となって流れていくのもこのためだ。

　日本の大部分の雪は、春をむかえるととけて水になり、または蒸発して水蒸気になって姿を変えて消えてしまう。しかし、水になって海へ流れ、水蒸気となって雲をつくり、やがて雪や雨となって、地球をめぐりながらふたたび地上へもどってくる。まさに雪と氷は、水の惑星からの贈り物である。

解説・雪と氷の科学——神田健三（中谷宇吉郎雪の科学館元館長）

水の三態と雪、氷

雪と氷は同じもの

「雪」は、空から降ってくる、六角形の白くフワフワしたものとイメージされるだろう。一方、「氷」は、野外の水たまりや冷蔵庫の製氷皿の水がこおった、かたく、ほぼ透明なものとして想像されると思う。このように、雪と氷はずいぶんちがったものに思える。

しかし、アルプスやヒマラヤ、南極に降った雪は、長い時間をかけてかたい氷に変化する。そして、氷河となり、ゆっくり流れている。

雪と氷はともに寒いところでつくられる。どちらも固体であり、とければ液体の「水」になる。このような共通点があるので、雪もふくめて氷としてあつかうことがある。

氷と水と水蒸気——水の三態

一般に物質には、固体・液体・気体の3つの状態がある。水にも、氷（固体）、水（液体）、水蒸気（気体）の3つの状態があり、これを「水の三態」という。そして、温度などの条件を変えることで、状態は変化する。179ページ左上の図は水の三態変化を整理したもので、変化のよび名も記してある。

宇宙から見た地球はたくさんの水に満ちた「水の惑星」。地球上の水のうち、多くをしめるのが海水。白くうず巻いて見えているのは、水や氷の粒でできた雲。下のほうには氷（氷床）でおおわれた南極大陸が見えている。

水の三態変化

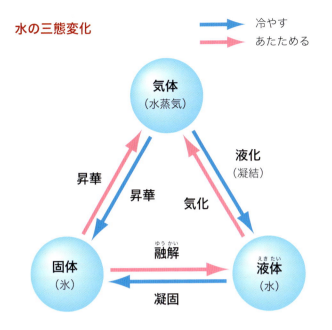

雪と氷のちがいを、この図の用語を使っていうなら、氷は水が「凝固」した固体で、雪は水蒸気が「昇華」してできた固体ということになる。

身近な水の三態変化で、温度がきめられた

たとえば、鉄がとける温度は1535℃で、非常に高い。ところが、水の三態変化は、わたしたちがふつうに経験する程度の温度でおこる。これは水という物質の特徴の1つだ。これをいかして、温度の基準は水をもとにしてつくられた。

セ氏（℃）という単位は、1気圧（水銀柱を760㎜おしあげる力）のもとで、水と氷がいっしょにあるときの温度を0℃に定めた。また、沸とうしている温度を100℃とし、0℃と100℃の間を100等分して1℃の目盛りをきめた。

状態変化するとき、熱が出入りする

0℃の氷を1gとかして0℃の水にするには、80カロリー（cal）の熱が必要である。いいかえれば、1gの氷は、とけるまでにまわりを80cal分だけ冷やすことができる。これとは逆に、0℃の水がこおるときは、1gあたり80calの熱がでる。これは、温度は変わらないのに、状態が変化することにともなってでる熱なので、「潜熱」（ひそんでいる熱）という。

このように、水の状態が変化するときは、熱の出入りも考慮する必要がある。

＜もっと知りたい＞

地球上の雪と氷
——陸地の水のほとんどは雪と氷

地球の表面にある水の97％は海にあり、のこり3％が陸地にある。そして、陸地の水（真水）の約76％は雪と氷である。中でも、大きな割合をしめているのが南極大陸と北極圏のグリーンランドの氷である。

南極大陸の面積は日本の約33倍、その上を厚さ平均約2100mの氷がおおっている。陸上にある雪や氷は、もとをただせば海の水からできたものなので、その増減は海水面の高さに影響をあたえる。温暖化が進み、もし、南極などの陸上にある雪や氷がとければ、その分だけ海水がふえるので、海水面が上昇し、陸地の一部が海面下にしずむ心配がでてくる。

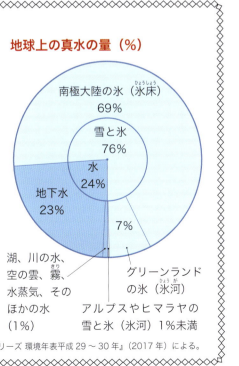

地球上の真水の量（％）

※『理科年表シリーズ 環境年表平成29～30年』（2017年）による。

三態変化しながら循環する水と気象

　地球上の水は、三態変化しながら循環している。川の水が海に集まり、海水は水蒸気になって上昇し、冷えると雲ができる。雲の中では雪が生まれ、重くなって落ちてくる。途中でとければ雨になり、雪として降れば山や平地に積もり、やがてとけて川に流れる。

　このような水の循環は、気象現象の一部である。そして、水が三態変化するとかならず熱の出入りをともなうので、水の循環は熱エネルギーの循環でもある。

水と氷のふしぎな性質

4℃の水は密度が最大

　水は4℃のときに密度が最も大きくなる。これも水のだいじな特徴の1つである。4℃の水は

池に氷が張ったとき

1 cm³あたり1gで、4℃より高くても低くても密度はこれより小さい。このため、池の水が冷えて表面付近が4℃になると、重くなって底へしずむ。そして、さらに冷えて表面付近が0℃以下になっ

水はこおると体積がふえる

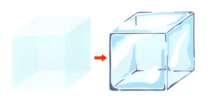

液体の水。　　水が氷になると　　氷は水より密度が小さくなり、
　　　　　　　きは、体積が約　　氷の体積の約9％が水面から顔
　　　　　　　9％ふえる。　　　をだす。

てこおっても、池の底は4℃近くに保たれるので、魚は生きていける。

池の表面に氷が張ると、池の中まで寒さが浸透するのを防ぐことにもなる。

氷は水より軽く水にうく

一般に、液体が凝固して固体になるときには、体積が小さくなる。ところが、水の場合は、こおると体積が約9％ふえるという特別な性質がある。このため、氷の密度は水より小さくなり、氷は水にうく。

池の水がこおるときに表面からこおるのは、放射冷却で表面が冷やされるためであるが、もう1つ、氷が水より密度が小さく、軽くて水にうくためでもある。

水の分子と氷の結晶

物質を細かく分けていくと、分子に行きつく。分子はさらに、いくつかの原子によって構成されている。水の分子は、酸素原子（O）1個と水素原子（H）2個が結びついたもので、H₂Oという化学式であらわされる。

水を分子の立場から見れば、水蒸気は、水分子が自由に運動している状態である。液体の水では、分子は自由に動けるが、ある範囲内にとどまっている。固体の氷は、水分子が六角形につながった結晶で、分子はきめられた位置からわずかに動くだけになる。

水が氷になるときは、水分子が自由に動けた分のエネルギーを手放すことになる。水が氷になるときに潜熱（1gあたり80cal）がでるのはこのためである。

なお、氷の結晶の六角形の輪の中には、空洞ができている。氷の密度が水より小さくて水にうくのは、この空洞のためである。

下の写真は氷の結晶の模型だが、赤い点が酸素原子（O）、白い点が水素原子（H）である。写真のように、酸素原子Oが六角形の骨組みをつくり、Oととなりの分子のHが引き合う形で結合している。

なお、この六角の構造と関係して、結晶には成長しやすい6つの向きができ、それを結晶模型の写真に矢印で示した。雪の結晶の6本の枝は、この矢印の向きにのびる。

また、氷の中のチンダル像（アイスフラワー、➡100～103、187～189ページ）がのびる向きも、矢印の向きと一致している。

氷の結晶の模型

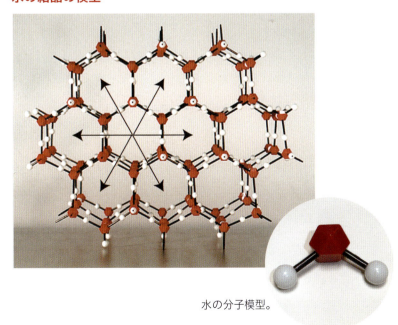

水の分子模型。

雪の結晶

雪の結晶の形の分類

雪の結晶の形は千差万別で、人の顔がみなちがうように、まったく同じ形は1つもないと考えられる。しかし、形の共通点に注目して分類されている。

六角形を横に広げたような角板、角板の角から枝がのびた樹枝六花、小さな六角形が縦に成長した角柱、さらに細長くのびた針、これらが基本の形と考えられる。

北海道大学の教授だった中谷宇吉郎博士（1900～1962年）は、十勝岳の山小屋へでかけて約

文化人切手シリーズの中谷宇吉郎博士。生誕100年を記念して2000年に発行された。

3000枚の雪の結晶の顕微鏡写真を撮り、天然雪全体の分類を初めておこなった。それが下の図で、中谷博士は雪の結晶を41に分類した。

中谷博士による雪の結晶の分類（1954年）

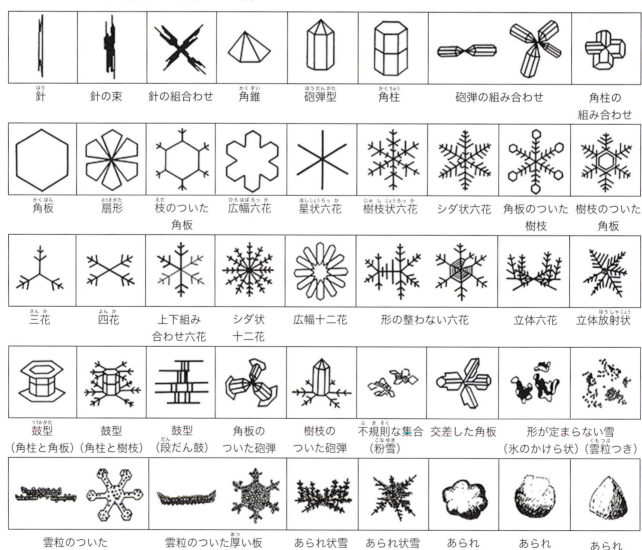

※ 名称は中谷博士によるもので、グローバル分類とよび名がちがうものもある。図は中谷宇吉郎雪の科学館ホームページより。

人工雪と中谷ダイヤグラム

　天然雪の研究につづいて、中谷博士は、なぜ多様な形ができるかを解明するため、人工雪づくりに挑戦した。それには雪ができる雲の中と同じような低温の環境が必要だったが、大学に低温実験室ができ、ここで1936年3月12日、人工雪づくりに世界で初めて成功した。

中谷ダイヤグラム（簡略形）

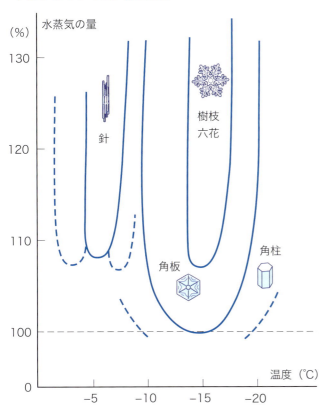

複数の雲でことなる成長をする雪の結晶の例

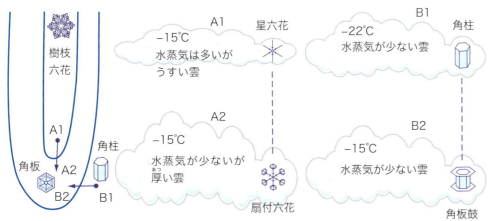

「中谷宇吉郎雪の科学館」で公開している人工雪実験装置（村井式人工雪装置）にできた雪の結晶。糸には犬の毛を用いている。

　その後、条件をいろいろ変えて実験をおこなった。その結果を1枚のグラフにまとめ、気温と水蒸気量（過飽和度）の値をあらわす位置に結晶の形を記号で書きこむと、同じ形の結晶が集中するところがいくつかあり、それらの領域を曲線で区分した。気温・水蒸気量と結晶形の関係を示すこの図は、中谷ダイヤグラムとよばれている。

「雪は天から送られた手紙」

　人工雪の研究から、結晶の形には通過してきた雲の条件が記録されていると考え、中谷博士は「雪は天から送られた手紙である」と述べた。これは博士の名言として知られている。

　次に、雪が最初の雲の中で成長したあと、下方の別の雲の中でことなる成長をする場合を考える。

　左の図の左側は中谷ダイヤグラムの一部で、途中で条件が変わる場合を示す。最初の雲（A1）は、気温が-15℃で水蒸気が多く、樹枝六花

183

になる条件だが、うすい雲なので、星六花になる。その後、下方のもう１つの雲（Ａ２）に入り、そこは気温が同じでも、水蒸気量が少なく、角板ができる条件なので、枝の先に角板が成長し、扇付六花になるのだ。同じように、Ｂ１からＢ２に変化すれば鼓（角板鼓）ができる。

中谷博士は、このように途中で条件を変える実験もおこない、結晶がことなる成長を重ねることで、複雑になっていくことを示した。

雲の中で氷晶から雪の結晶に成長

雲は小さな水滴（雲粒）の集まりだが、雲粒が空気中に浮遊する土などの粒子を"しん"（核）にしてこおり、小さな氷の球になる。すると、その氷に集まった水蒸気が組みこまれて氷は大きくなり、球から、ゴルフボールのような多面体を経て、六角の短い柱状になる。大きさが0.2mm以下のものを「氷晶」、それをこえれば雪の結晶と区別される。なお、その後の成長は温度によってことなり、横に広がれば角板に、縦にのびれば角柱になる。

雪の結晶が誕生するときの氷晶の成長

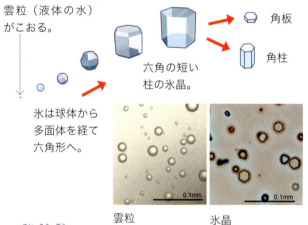

2枚構造

氷晶から角板に成長するとき、2枚構造になることがあり、その痕跡がのこる例が少なくない。角板の上下の面にそった角が先に水蒸気を獲得して成長するためで、はじめは2枚が同じように広

2枚構造の結晶ができるまで

がるが、少し差ができると広いほうが重くて下を向き、より多くの水蒸気を得て、さらにますます大きくなり、小さいほうは成長をやめる。結晶写真を見るとき、小さいほうの痕跡にも注目したい。

雪結晶の新しい分類

中谷博士の分類のあと、南極や北極で、御幣、カモメとよばれる奇妙な形など、新しい結晶の発見があいつぎ、2012年には新しい分類がつくられた。従来の分類は北海道など中緯度の雪をあつかったものだったが、新しい分類は極地などもふくむ全地球のものという意味で「グローバル分類」とよばれている。従来の分類もさらに細分化され、分類の数は121になった。

本書では、基本的にグローバル分類の用語を用いた。くわしくは、巻末（➡192ページ）の参考図書の『雪の結晶図鑑』、『雪と氷の疑問60』、『雪氷学』などで紹介されている。

雪や氷ができるときの過冷却

過冷却とは何だろう？

水がこおるときの温度を氷点といい、氷点は0℃である。しかし、0℃では水はこおらないことが多く、0℃以下でも、こおっていない状態を過冷却という。そうなるのは、こおるためには、核になる物質にふれるなど、何らかのきっかけが必要だからで、それがないと、過冷却状態がつづく。実際、小さな雲粒（水滴）は－40℃近くまでこおらなかったという記録もある。

過冷却の水をこおらせることを「過冷却を破る」

というが、それには、何らかのきっかけをあたえる必要がある。たとえば、氷の小さな粒やドライアイスの粉末を落とすとか、ふって衝撃をあたえるなどの方法が考えられる。

右の写真は、－5℃程度の過冷却水の入ったペットボトルに氷の小粒を落したとき、きゅうにこおりはじめ、氷が樹枝状に成長したようすである。ペットボトルだけだと表面が結露して中が観察しにくいので、ペットボトルを水の入ったビーカーに入れることで見やすくした。

自然界での過冷却

雪や氷ができるとき、何らかの形で水が過冷却の状態を経ることが多い。その事例を野外の自然現象に見てみよう。

(1) 雲粒・雪の結晶・あられ

雪ができるのは雲の中。雲は過冷却水滴である雲粒の集まりだ。雲粒が空気中の核と出会って凝

過冷却水が、氷の粒を落としたらたちまちこおりついた（中谷宇吉郎雪の科学館で）。

固し、小さな氷になる。すると、水蒸気がその氷に近よって組みこまれ、氷はじょじょに大きくなり、氷晶や雪の結晶に成長していく。そして、氷の近くの水蒸気が少なくなると、まわりの雲粒が蒸発して水蒸気になり、氷への補給がつづく（下の写真）。このようにして成長する氷晶や雪の結晶は透明だ。水蒸気の「昇華」による成長だからである。

しかし、日本海の近くなどで過冷却の雲粒が非常に多い場合は、雲粒のままで雪の結晶にこおりつく（凝固する）ことが多く、結晶に白い斑点のある「雲粒つき」になる。さらに、非常に多くの雲粒がつくと、「あられ」になる。

＜もっと知りたい＞
一瞬でこおるの？

科学館などでおこなわれる、過冷却の実験には人気がある。それは水が「一瞬でこおる」という劇的な変化が見られるからだ。また、そもそも、0℃以下に冷えた水が液体の状態にあるのはふしぎだ、という感想も多い。

しかし、ほんとうに一瞬でこおるだろうか？

過冷却水の入ったペットボトルをふれば、たしかにふった瞬間に変化がはじまる。だが、その後の変化はゆるやかだ。

－5℃程度の過冷却水がこおるとき、ペットボトルの中の温度は0℃近くまで上がり、できた氷はシャーベットのようにやわらかい。水から氷への状態変化にともない、1gあたり80calの潜熱がでるからである。

冷えたガラス板に息をふきかけて雲粒をたくさんつくり、そこに氷晶を1つ落とすと、氷晶は成長し、そのまわりの雲粒は消えた。雲の中での変化を考える実験。

(2) 霜柱をつくる水

　冬の寒い朝、雪は積もらないで地面がでているところに、白い針を束ねたような霜柱が一面にできることがある。霜柱ができる地面付近では、表面から冷やされ、土の中の浅いところの水は過冷却になっている。そして、地面のいくつかの点からこおりはじめるが、土粒どうしのすき間は小さいので、氷は土の中に進むことができず、表面にとどまる。そのとき、こおった水があったところは空洞になるが、下から毛細管現象で水が上がって補給される。この水も過冷却になっており、最初の氷の下でこおり、前の氷をおし上げる。これが連続的にくりかえされるのが霜柱である。

霜柱のでき方

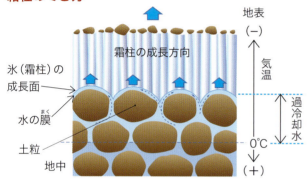

※土粒は霜柱に対して強調して大きくえがいてある。
　武田一夫氏の図を参考に作図。

(3) エビのしっぽの着氷

　冬の雪山で、エビのしっぽのような形の氷を見ることがある。これは、風で飛ばされてきた過冷却の水滴が、樹木や岩などに次つぎにぶつかって、瞬間的にこおった着氷という現象である。エビのしっぽは、風がふいてきた向きにのびる。

エビのしっぽ

(4) 蔵王の樹氷——アイスモンスター

　蔵王は「アイスモンスター」とよばれる樹氷で有名だ。アオモリトドマツの木ぎが雪と過冷却水滴でおおわれ、モンスターのようなユニークな姿になったものだ。蔵王のアイスモンスターができるのには、過冷却水滴の役割が大きい。

　冬の季節風が日本海を渡るとき、大量の水蒸気と雪の核になる塩粒が供給される。塩粒は海塩粒子といって、季節風が海を渡ってくるとき、波しぶきから分離したものと考えられる。季節風は、まず山形県の朝日山地に雪を降らせるが、そのとき、塩粒の大半を落してしまう。その後、さらに東へ進んで宮城県との県境の蔵王山で、ふたたび雪を降らせる。このとき、核になる塩粒が少なくなっているため、雪になれない過冷却水滴がたくさんのこる。これが"のり"の役目をして、雪を木ぎに接着させる。その結果、アイスモンスターという蔵王に特徴的な樹氷ができるのである。

蔵王連峰にアイスモンスターができるわけ

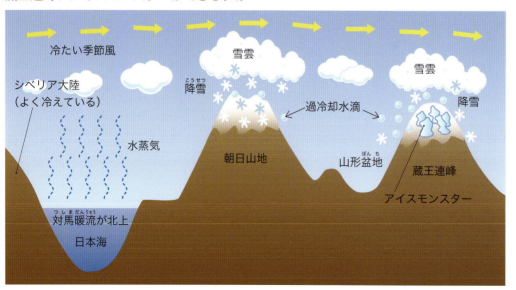

※柳澤文孝氏の図を参考に作図。

氷の結晶はどうなっている？

単結晶と多結晶

　雪は、雲の中の自由な空間で、昇華によって六方向にほぼ均等に成長し、いかにも結晶という形になる。一方、氷は、水分子が規則的に結びあったものという点では雪と同じだが、容器の形に合わせてこおった、ほぼ透明なかたまりであり、結晶としてのイメージは持ちにくいかもしれない。

　そこで、氷の場合は巨大な建築物の骨組みのようなものと考えればよいだろう。ときには、氷全体が1つの骨組みになる場合もある。これを「単結晶」という。それに対して、「多結晶」はいくつかの骨組みの集まりになり、それぞれの骨組みの向きがばらばらになることが多い。

2枚の偏光板ではさんで見る

　2枚の偏光板を使えば、氷の結晶のようすを知ることができる。氷をうすくして、2枚の偏光板ではさんで見ると、ステンドグラスのように多色に色づいて見える。このとき、1つの色の範囲が1つの結晶の範囲である。全体が1色になるときは全体が1つの単結晶であるが、ふつうはいくつかの色に分かれた多結晶になる。

氷に光をあててできる「チンダル像」

　偏光板を使えば、氷の結晶の集合状態がわかる。さらに、次の実験により、結晶のイメージが持ちやすくなるだろう。それが「チンダル像」である。

　氷に強い光をあてると、氷は表面だけでなく、内部からもとけ、氷の中に丸い形や雪の結晶のような形ができる。これは、この現象を最初に発見したイギリス人科学者チンダル（1820～1893年）の名前からチンダル像とよばれる。「アイスフラワー」という別名もある。

　チンダル像の中に1個、くっきりと丸い形ができる。これを「真空の泡」という。氷がとけてできる水の体積はもとの氷より少ないためにできる空洞で、氷の内部なので外の空気が入ることはない。真空とはいっても、まわりに水があるので、実際には水蒸気がふくまれている。

チンダル像の見え方

　チンダル像の観察には見やすい角度がある。円形や六角形が正しく見える角度になれば見やすい。それが楕円形や直線に見えることもあり、これは氷の結晶の向きと観察する向きの関係できまる。自然の氷では、池に静かに張った氷は結晶が大きくなりやすく、見やすい角度の氷になっていることが多い。池の氷は上からだけ冷やされてで

氷を偏光板にはさんで見る

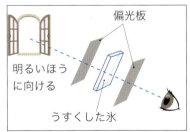
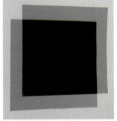

2枚の偏光板を重ね、偏光板どうしの角度を変えながら、暗くなった状態にして間に氷をはさむ。

偏光板で見た氷は、まるでステンドグラスのよう。色のちがいから、たくさんの結晶からできた多結晶であることがわかる。冬の名古屋の朝方、発泡スチロールケースに入れた水にうすい氷が張ったころ、少し雪が降った。しばらくたってから撮った写真。

氷の中に花がさいたようにあらわれたチンダル像。つくった氷に光をあて、OHPで投影したのを撮影した。

きるので、冷凍庫で氷をつくるときは、その状態になるようにまねるとよい。

　チンダル像は、たくさんできるが、1つの結晶の中ではその向きがみな同じになる。氷がいくつかの結晶でできているときは、それぞれの結晶の中では同じ向きでも、全体としてはさまざまな向きがまじったものになる。それで、氷全体が1つの結晶、つまり単結晶であれば観察がしやすい。多結晶の氷でも、その中の大きな結晶に注目するとよい。

　チンダル像は数ミリメートルの大きさになり、肉眼でも見える。ルーペや顕微鏡、OHPを使って拡大するとよりくわしく観察でき、マクロ撮影のできるデジタルカメラを使うとよい写真が撮れるだろう。チンダル像が見えにくいときでも、容器の底などにその影を映して見るとよい。

　チンダル像を観察するための光は太陽光でもよいが、室内で観察するときは100〜200Wのレフランプやハロゲンランプを使用するとよい。ランプは高温になるのでさわらないように注意が必要。太陽光を使う場合も、明るい光を長く見つづけると目を傷めるので注意してほしい。

チンダル像のための氷のつくり方

　家庭の冷凍庫で氷をつくってみよう。チンダル像を見るための氷をつくるには、池などに天然氷ができるときの状態に近づけ、水面からこおるようにすることがコツだ。小型の発泡スチロールの箱に水を入れ、箱のふたをしないまま、ねる前に冷凍庫に入れて朝にとりだす。冷凍庫の強度は「弱」にし、ゆっくり冷やすとよい。

チンダル像を見るための氷づくり

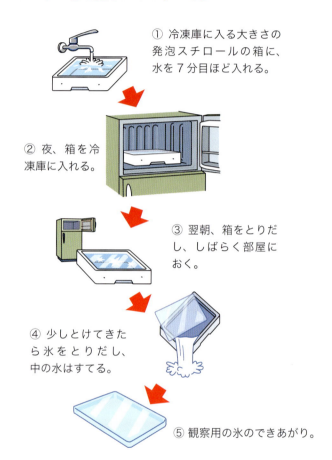

① 冷凍庫に入る大きさの発泡スチロールの箱に、水を7分目ほど入れる。

② 夜、箱を冷凍庫に入れる。

③ 翌朝、箱をとりだし、しばらく部屋におく。

④ 少しとけてきたら氷をとりだし、中の水はすてる。

⑤ 観察用の氷のできあがり。

　できた氷は、ビニール袋に入れて冷凍庫に保存し、太陽がでてきたら、白いトレーなどにのせて、5分ほど光をあててみよう。丸い泡（真空の泡）が見えたら、そのまわりに、花びらのような形がないか、さがしてみよう。

チンダル像ができた氷を偏光板で見ると

　氷に光をあてると、線とチンダル像があらわれる。この線は結晶の境目だ。右ページの写真①は4つの結晶からなる。チンダル像は結晶ごとに形

氷を偏光板にはさんで見る

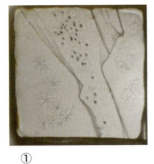
①

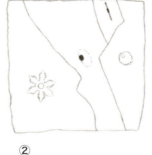
②

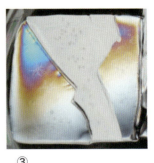
③

が微妙にちがうが、これは結晶の向きがちがっているため。形は六花や丸だが、向きがちがうと楕円や線になる。しかし、1つの結晶内ではほぼ同じ形になるので、②で示したスケッチでは、1つの形で代表させた。六花は正面、中央の楕円形の泡は斜めの方向から見たもの。写真③は、同じ氷を偏光板で見たものだ。このように、氷の結晶の状態はチンダル像からもわかり、偏光板を使ってもわかる。

＜もっと知りたい＞
雪から氷へ
——積雪、雪渓、氷河

　降り積もった雪（積雪）は、複雑な雪の結晶の形がしだいに失われて、丸みをおびた雪粒になり、水があれば雪粒は大きくなる。雪粒どうしは網の目のようにつながるが、すき間が多い構造だ。そして、圧力が加わると密度がまし、すき間は減って、外との通気性がなくなる。この状態のものを「氷」といい、密度は0.82〜0.84g/cm³以上である。氷河は、このような氷で、自重で流動するものをいう。

　高い山の、ふきだまりや雪崩の効果も加わって、とくに雪が多く積もるところには、夏でも雪がある。これが雪渓で、秋の終わりになってもとけきらず、次の年までのこる雪渓は多年生雪渓とか万年雪とよばれる。

　日本の雪渓には、アルプスやヒマラヤにあるような氷河とよべるものはないと考えられてきた。しかし、立山連峰（富山県）の数か所には、底のほうに非常に古い氷がのこっていて、内蔵助雪渓の底には1000〜1700年前の氷がふくまれることがわかった。

　近年、立山カルデラ砂防博物館は、剱岳の雪渓下部の古い氷が顔をだした秋に、GPS（全地球測位システム）を使った測量をおこない、氷

雪渓の表面の雪がとけたあとに、古い氷体があらわれた（1990年晩秋）。三の窓雪渓（左）と小窓雪渓（右）は、近年の調査で流動が確認され、氷河とみとめられた。

内蔵助雪渓の縦穴から入り、底部の古い氷が調査された（2016年秋）。

が流動していることが確かめられた。そして、流動が確認された雪渓は氷河とよばれるようになった。

『雪と氷 』さくいん

【あ】

アイスフラワー……………………
　　　100、102、181、187、188
アイスモンスター…………………
　　…5、164、165、166、169、
　　　170、171、172、174、186
あられ……………2、40、185
板氷………………………94、122
板状（結晶）………………………
　　18、20、34、36、142、184
枝付角板……………………………20
エビのしっぽ………158、162、
　　　163、166、171、172、186
円盤状氷紋…………………130、131
雨氷…………………156、160、161
扇状………………………………32
扇付角板……………………………29
扇付六花……………………183、184
扇六花………………………………28
御神渡り……………………108、109
温暖化 …109、135、166、179

【か】

海塩粒子 ……………………………186
骸晶……………………………………34
海氷…………………………132、134
鏡氷……………………………………96
核 …………… 20、30、184、186
角柱……………………………32、34、
　　　36、37、182、183、184
角柱状結晶…………………………34
角板…………………………………
　　18、20、28、29、30、33、
　　　34、38、182、183、184
雷…………………………………40、180
過冷却…160、161、166、186
過冷却水滴 ……………… 8、14、
　　38、54、136、140、156、
　　158、162、165、185、186
川霧……………………………136
乾雪……………………………12、16
冠雪……………………………44、48
キャンドルアイス …………124
凝固…………179、181、185

霧……………………………2、
　　87、138、140、158、180
霧粒 ……160、161、162、166
空氷…………………………………96
雲粒…………………………3、8、
　　10、14、18、38、184、185
グローバル分類………10、184
気嵐……………………………138
結氷…………………90、98、106、
　　108、109、110、128、152
結露 ……………………………185
巻雲 ……………………… 8、142
巻層雲（うす雲）…………142
氷あられ……………………………40
降雪……………………………62、170
コップ状 …………………146、150
粉雪 ……………………… 12、64

【さ】

細氷…………………………………142
三態変化 ………178、179、180
湿雪………………………………16
しぶき氷…………………………
　　…5、110、112、114、115
しぶき着氷………………110
しぶきつらら……………………
　　…110、112、114、115
地吹雪…………………………56
しまり雪…………………………47
霜 ……… 93、136、146、148、
　　150、152、154、155、156
霜柱 ……136、154、155、186
十二花 ………32、33、37
主枝………22、24、26、34
樹枝状（結晶）…… 7、22、24、
　　30、33、146、150、156
樹枝六花……………10、14、15、
　　24、26、30、38、182、183
樹霜……………………………156
樹氷…………………………136、
　　140、156、158、161、162、
　　163、164、169、170、174
樹氷原…………165、169、174
昇華……2、179、185、187
蒸気霧……………………………138

昇華凝結…………… 2、8、136、
　　146、148、150、152、156
昇華蒸発…………… 2、34
上昇気流 ………… 40、41
状態変化 …………… 2、179
真空の泡…………………………
　　…100、102、187、188
新雪…2、47、48、66、72、80
水平環（環水平アーク）…… 142
スカブラ……………………………70
スノーモンスター ……………164
スプーンカット……86、87、176
積雪…………………………………
　　…40、42、47、58、68、70、
　　72、86、87、148、180、189
積乱雲………………38、40、41
セ氏………………………………179
雪渓………86、87、176、189
雪庇………………………………56
雪片 …………… 15、16
セミ氷………………90、91
全層雪崩 …………… 68、69
潜熱 ……… 179、181、185
双晶………………… 34、37
側枝 ………… 22、24、26
粗氷 ……… 156、160、161

【た】

ダイヤモンドダスト………………
　　…………136、142、144
太陽柱（サンピラー）………142
多結晶 ……………187、188
種まき雪うさぎ ……… 84、85
単結晶 ……122、187、188
地球温暖化…………86、177
着雪 ………… 52、54、165
着氷（現象）……………156、
　　158、160、163、165、186
チンダル像……………………
　　100、181、187、188、189
鼓状（結晶）…32、34、36、37
つらら ……………… 62、116、
　　118、120、121、122、150
凍上現象 ……………………155
どか雪 ………………… 42、44

【な】

中谷ダイヤグラム …………183
雪崩 ……… 56、68、86、189
２枚構造 ……………29、184
根開き …………………82
農鳥 ……………………85

【は】

ハスの葉氷 ……………………
 ………104、105、132、134
波状雪 …………………70
はね馬 …………………85
針状（結晶）…34、90、91、92、
 93、96、104、146、152
ハロ ……………………142
日暈 ……………………142
広幅六花 ……… 24、28、38
ひょう ……………40、41
氷河 ……………… 86、
 136、176、177、178、189
表層雪崩 ……………68
氷筍 ……………… 5、122
氷晶 ……… 3、8、18、30、32、
 88、142、144、184、185
氷体 …………………189
氷瀑 …………… 116、118
氷紋 ………… 126、127、130
風紋 …………………70
フロストフラワー ……………152
分子 …………… 3、91、181
偏光板 ………………94、
 120、122、124、187、189
放射状氷紋 ……… 127、128
放射熱 ………………82
放射冷却……………………
 …90、138、142、156、181
砲弾 …………………34
星六花 ……… 22、24、184
ぼたん雪 ………………16

【ま】

万年雪 …………………86
巻きだれ ………………62
密度 ……90、180、181、189

水の三態（変化）…………178
水分子 ……………26、187
みず道 …………………80
みぞれ …………………8
霧氷 ……………136、156
毛細管現象 …………154、186

【や】

屋根雪崩…………………68
融雪地すべり……………69
雪あられ ……… 38、40
雪絵 …………………72
雪えくぼ ………………80
雪形 …………………84
雪質 ………… 42、47、68
ゆきだま ………………64
雪球 …………………64
雪粒…… 42、58、60、68、189
雪ひも ……… 60、61
雪まくり … 4、64、66、67
四花 ……… 30、33

【ら】

乱反射…………………42
流氷 ………132、134、135
六花 …… 3、10、30、32、33、
 34、36、100、102、189

―地名・人名さくいん―

【あ】

朝日山地 …………186
旭岳………………54
吾妻小富士 ……… 84、85
アムール川 …………134
アルヘンティーノ湖 ……177
アンデス山脈 …………177
雲竜渓谷 ……116、118
雲竜の滝 …………118
エンジェル氷河 ………176
オホーツク（海）………………
 ……132、134、135、138

【か・さ】

岩洞湖 …………104

屈斜路湖………96、108、109
内蔵助雪渓 …………189
グリーンランド …………179
御所湖 …………130、131
小窓雪渓 ……………189
五竜岳……………85
蔵王（山、連峰）……………
 ……………164、174、186
三の窓雪渓 …………189
然別湖 ……………124
シャンタル湾 ………132
諏訪湖 …………………109

【た】

大雪山 ……………67、136
高橋喜平 ……………96
立山連峰 …………189
鳥海山 ……… 86、87
チンダル …………187
剱岳………………189
十勝川…………80
十勝岳…………182
十和田湖 …………112

【な・は】

中谷（宇吉郎）博士…………
 …6、182、183、184
南極（大陸）… 176、178、179
新潟県上越市…………69
新潟県十日町市…………69
糠平湖 …………1
富士山……………85
フィンデルン氷河 …………177
ペリト・モレノ氷河 …………177
北海道・宇登呂 ………132
北海道名寄市 …138、142
北海道富良野市 ………144
北海道紋別市 ………135、138

【ま】

摩周湖 …………106
南パタゴニア氷原 …………177
宮城蔵王・刈田岳………70、165
妙高山……………85
モンテローザ …………177

おわりに

　雪とのつきあいは長い。はじめて本を出したのは40年以上前だが、その間ずっと雪とかかわってきたわけではない。60歳の還暦という言葉に、今しかできない最後の撮影を思いたった。それから十数年、毎冬、欠かさず5000kmあまりの冬の旅をする。お目当ては偶然出会う雪と氷の姿だ。一期一会の雪と氷の世界は、あまりにも身近な水が、刻一刻と変化していく姿形で、おどろきながらも、じゅうぶん楽しめた。

　雪と氷の旅で困るのは寒さだ。保温していた食料がすべてこおってしまう。おかしな話だが、わたしは寒いのがきらいである。それなのに、カメラをぶら下げた途端、体は別人になってしまう。この矛盾はシャッターを切ることに快感をおぼえるからと、勝手に説明しておこう。

　そして最大の困りごとは、雪道の事故や雪崩だ。海外でハードな取材でも死を意識したことはあまりないが、雪道は常に死ととなりあわせだ。新しく取材をはじめた5、6年は、毎年、車が公道で木の葉のようにくるくる回転した。しかも年に4、5回。その後、四輪駆動車に変えて、ＡＢＳというタイヤロック防止機能で回転はしなくなったが、逆に、ブレーキがききづらく、追突して相手の車を2台大破させてしまったなど、雪道での話はつきない。

　雪の旅も勝手気ままに北国を走り回っている分には楽しいが、かならず雪の結晶を撮るために、3週間以上テントを張ってする徹夜の仕事が待っている。テントが雪につぶされないようにする毎日の除雪作業、－10℃以上に気温が上がったときにする氷の撮影などもあり、テントの中での仕事はけっこういそがしい。

　寒暖計が気温－15℃以下を示すのはきまって深夜で、黒い布を張った30cm四方の板をテントからだして、降ってくる雪をうける。1回に約1000個の雪を見てはすててという作業を、一晩に100回以上くりかえす。その10万個以上の雪の結晶の中から、写真に撮るのは100枚ほどだ。それでも顕微鏡を通して見る雪の結晶の世界は、数時間前の雪が生まれた上空のようすを教えてくれて、あきることがない。

　この本では、雪の結晶の基本をわかりやすく、写真で説明したつもりでいるが、じゅうぶんではない。次回はだれにでもわかる雪の結晶の本をつくってみたい。

片平　孝

著者　片平　孝（かたひら・たかし）

写真家。1943年、宮城県に生まれる。子どものころから蔵王の自然に親しみ、冬の蔵王をかざるモンスター形樹氷に魅せられて、写真をはじめる。雪と氷の世界、塩の大地、砂漠などをテーマに世界中を旅して、地球の壮大な姿とそこに暮らす人びととの生活を撮りつづけている。また、夜空を背景に地球の原風景を入れて、幻想的な星降る大地の撮影も仕事の一部になっている。著書に『雪の一生』『塩　海からきた宝石』『砂漠の世界』（以上、あかね書房）、『地球　塩の旅』（日本経済新聞社）、『星の旅』（朝日新聞社）、『雪の手紙』（青菁社）、『おかしなゆき　ふしぎなこおり』（ポプラ社）、『雪と氷の大研究』『砂漠の大研究』『塩　地球からの贈り物』（以上、PHP研究所）、『サハラ砂漠　塩の道をゆく』（集英社）などがある。

解説者　神田健三（かんだ・けんぞう）

1948年、福島県喜多方市に生まれる。高校3年生のとき、中谷宇吉郎や雪に関心を抱く。信州大学卒業。学生時代に穂高岳涸沢の雪渓調査をはじめる。高校教師を経て、1987年には名古屋大学水圏科学研究所の研究生に。1994年、石川県加賀市の職員となり、「中谷宇吉郎　雪の科学館」の開設事業に携わり、1997年から2016年まで同館館長。『天から送られた手紙[写真集 雪の結晶]』（1999）を編集。2005年にはラトビアでの「雪と氷の対話展」で実験ワークショップを開く。雪や氷の魅力的な実験の普及につとめ、2009年、第5回小柴昌俊科学教育奨励賞を受賞。

参考図書

『雪氷学』（亀田貴雄、高橋修平・共著／古今書院）／『図説空と雲の不思議―きれいな空・すごい雲を科学する』（池田圭一・著　秀和システム）／『雪と氷の疑問60』（日本雪氷学会・編著　成山堂書店）／『新版雪氷辞典』（日本雪氷学会・編　古今書院）／『流氷の世界』（青田昌秋・著　成山堂書店）／『雪と氷の大研究』（片平孝・著　PHP研究所）／『雪の結晶図鑑』（菊地勝弘、梶川正弘・共著　北海道新聞）／『雪と雷の世界』（菊地勝弘・著　成山堂書店）／『雪の結晶』（ケン・リブレクト・著　河出書房新社）／『雪と氷の事典』（日本雪氷学会・監修　朝倉書店）／『雪と氷のはなし』（木下誠一・編著　技報堂出版）／『氷の世界』（東海林明雄・著　あかね書房）／『雪の一生』（片平孝・著　あかね書房）／『雪と氷の造形』（高橋喜平・著　朝日新聞社）／『湖氷』（東海林明雄・著　講談社）／『日本の雪』（高橋喜平・著　読売新聞社）／『気候学・気象学辞典』（吉野正敏ほか・編　二宮書店）／『雪と氷の世界―雪は天からの恵み』（若濱五郎・著　東海大学出版会）／『雪』（中谷宇吉郎・著　岩波書店）

編集：プリオシン（岡崎　務）
レイアウト・デザイン：杉本幸夫
イラスト・図版：青江隆一郎
解説ページ写真：NASA（p178）／吉田六郎（p185下）／山田　功（p187）／神田健三（p189上）／立山カルデラ砂防博物館（p189下）／その他は中谷宇吉郎雪の科学館提供

雪と氷
水の惑星からの贈り物

2017年9月29日　第1版第1刷発行

著　者　片平孝
発行者　山崎至
発行所　株式会社PHP研究所

東京本部　〒135-8137 江東区豊洲 5-6-52
児童書局　出版部 TEL 03-3520-9635（編集）
　　　　　普及部 TEL 03-3520-9634（販売）
京都本部　〒601-8411 京都市南区西九条北ノ内町11
PHP INTERFACE　http://www.php.co.jp/

印刷所
製本所　図書印刷株式会社

©Takashi Katahira 2017 Printed in Japan ISBN978-4-569-78696-4
※本書の無断複製（コピー・スキャン・デジタル化等）は著作権法で認められた場合を除き、禁じられています。また、本書を代行業者等に依頼してスキャンやデジタル化することは、いかなる場合でも認められておりません。
※落丁・乱丁本の場合は弊社制作管理部（TEL03-3520-9626）へご連絡下さい。
送料弊社負担にてお取り替えいたします。

192P　29cm　NDC451